「中国山地」関係図

大田市
島根県
美郷町
江津市
川本町
(旧作木
浜田道
浜田市
邑南町
北広島町
安芸高田
益田市
(旧匹見町)
安芸太田町
津和野町
冠山
中国道
広島道
(旧吉和村)
吉賀町
広島市
萩市
廿日市市
山口県
(旧錦町)
呉市
中国道
山口市
美祢市
(旧鹿野町)
岩国市
周南市
山陽道
下関市
山陽道

中国山地過疎50年

中国新聞取材班

未來社

はじめに

過疎はいつまで続くのか。農山村はこの先、どういう地域になっていくのか。そんな思いから、この取材を始めた。きっかけになったのは、東京を中心に巻き起こった地方消滅論だ。

「日本の市町村の半数が消える恐れがある」――。二〇一四年、元総務相の増田寛也氏が座長を務める民間団体・日本創成会議が、こう指摘するリポートを発表した。マスコミに大きく取り上げられ、とりわけ過疎地に暮らす人たちへの衝撃は強烈だった。

その後、地方に軸足を置く研究者たちから反論が相次ぎ、論争は熱を帯びた。ただ、抽象的な議論も多く、空中戦の感が否めなかった。「過疎地はいまどういう状況なのか」。地に足をつけて考える現場として中国山地を選んだ。

中国山地は、全国有数の過疎地帯である。高くても千メートル級という比較的なだらかな山が連なり、山々の合間に集落が点在する。明治中期まで、たたら製鉄で全国最大の鉄の産地だった歴史があり、山奥の隅々にまで集落が形成されている。たたら製鉄が廃れたあとも、自然と調和した農山村の暮らしを維持したが、高度経済成長期に一変。都市への人口集中の流れにのみ込まれ、挙家離村が雪崩のように続き、住民は激減した。その後、人口減のペースは緩やかになり、住民による「ムラおこし」も活発になったが、全国に先駆けて高齢社会に突入。お年寄りばかりで子どもが極端に少ない、いびつな人口構成が定着した。

いまでは知っている人は少ないだろうが、「過疎」という言葉は、造語である。一九六六年、国の経済審議会がまとめた「二〇年後の地域経済ビジョン」で初めて使われた。それから五〇年。半世紀にわたる過疎がもたらした現実を中国山地で追い、将来像を探るのが今回の取材の狙いである。あらかじめ結論を想定せず、「中国山地のいま」を直視することにこだわった。

中国新聞での連載は二〇一六年の元日から始め、半年間続けた。最初は、過疎の最前線である小規模集落に通った。目の当たりにしたのは厳しい現実だった。消滅の危機にひんした集落があちこちにあった。実際に無人となり、荒廃した集落にも入った。

その後、テーマごとに掘り下げる取材を続けた。年々細る公共交通網、担い手が極度に高齢者に偏った農業、平成の大合併で機能が縮小した市町村行政……。光と影でいえば、影の話が多かったが、過疎にあらがい奮闘する住民ももちろんいた。「田園回帰」と評される、都市から田舎への移住の動きも追いかけた。

連載の第一部で、消滅の危機が迫る集落のことが元日の朝刊に載った当日、広島県内のある市議会議員から電話がかかってきた。「これだけ厳しい記事を正月に載せたということは、中国新聞は解決策を持っているのか」と厳しい口調でただされた。「答えは、これからの取材で探します」と答えた。身が引き締まる思いがした。

中国山地の過疎を追う中国新聞の長期連載は、今回で四シリーズ目となる。初回の「中国山地」（六六〜六七年）では、急激な人口流出で混迷と動揺の渦の中にあったムラをルポした。八四〜八五年の「新中国山地」は、少子・高齢化で地域が老い続ける一方で、ムラおこしが活発化した現状を報告。

二〇〇二年の「中国山地　明日へのシナリオ」では、少子・高齢化が続きつつも、自然回帰や移住者の増加といった農山村の価値が再評価される時代の変化を描いた。

そして、初回から五〇年を経た今回の取材では、中国山地が新たな局面に入っていると感じた。まずは、集落を支え続けてきた昭和一桁世代の人たちが八〇歳を超え、平均寿命の年代に入っている。消滅危機の集落が各地にあり、その数は増えていく可能性が高い。自治体もさらなる合併を余儀なくされるかもしれない。

その一方で、都会から移住してきた二〇、三〇代の若者が少なくないことに目を見張った。公費を投入して移住を促す国の政策の下支えもあるが、それだけが要因ではない。戦後から七一年が過ぎ、若い世代の価値観の変化が大きく影響している。

非正規雇用の若者が次々に解雇された〇八年のリーマン・ショック。原発事故に代表される、現代社会の危うさを露呈した一一年の東日本大震災。不安定な時代だからこそ、人のつながりが残り、自然も豊かな田舎に目を向ける若者の姿があった。

日本全体の人口が減る時代。田舎への追い風が多少あるからといって、楽観は禁物だ。ただ、若者を吸い寄せ続けてきた都会はこれから、高齢化が急速に進み、介護問題が深刻化してくる。田舎の価値が見直される流れは一過性ではないように思えた。

連載の最後には、自分たちなりの答えを報告した。一年足らずの取材でわかったようなことは書けないが、現場をかけずり回った記者の報告書として「現場感」を込めて書きつづった。

＊

出版にあたっては「中国山地」の過去の三シリーズと同様、未來社に快くお引き受けいただいた。西谷能英社長、担当の天野みか氏にお礼を申し上げたい。記事は原則として中国新聞の連載の順番のままで、連載に登場していただいた方の肩書や年齢などは当時のままとした。

なお、文は荒木紀貴、馬場洋太、有岡英俊、写真は荒木肇が担当した。中国山地の住民の皆さんをはじめ、取材に協力してくださったすべての方に厚くお礼を申し上げます。

中国新聞取材班

二〇一六年一二月

中国山地　過疎50年　★目次

第1部　最前線の現実

第2部　過疎半世紀

第3部　揺らぐ交通

第４部　農の行く先

第５部　なるか林業再興

第6部　大合併を経て

第7部　地域おこし協力隊

第8部　新しい風

第9部　次代につなぐ

第10部　明日へ

装幀――岸顯樹郎＋ FLEX

中国山地　過疎50年

第１部　最前線の現実

「過疎」という言葉が生まれて半世紀。住民も行政も食い止めようとしてきたがムラの人口減は止まらず、最近は「地方消滅論」まで聞こえてくる。一方で、経済は低成長の時代に変わり、人々の価値観は多様化。田園回帰の動きも出始めた。過疎はこれからも続くのか。全国でも先鋭的に過疎が進んだ中国山地を歩き、その答えを探る。第１部では、最前線の現実を報告する。

（中国新聞掲載は 2016 年１月）

① 六人になった

山々の合間にたたずむ小さな盆地のような広島県安芸太田町の那須集落。二〇一五年が暮れようとする大みそかの夕刻、小雪が舞う集落に住民の姿はなく、静まり返っていた。

集落にある二五軒のうち、二一軒が空き家。四軒に七六～八七歳の六人が暮らすが、雪が降る冬場は住民がさらに減る。一人暮らしの女性二人は町の施設に身を寄せるなどして冬をやり過ごす。夫婦で暮らす二世帯もこの年の瀬は、雪の心配のない広島市内などで迎えたため、集落から住民がいなくなった。

「過疎じゃなくて、いまや消滅集落。この集落をつくった先人はこうなるとは思わなかったでしょうなあ」。一二月三〇日、子どもが暮らす広島市安佐北区に向かう前、集落を見て回った岡田秋人さん（八二）が苦笑いを浮かべた。

那須集落はかつて、ろくろを回して木地を削り、椀《わん》や盆を作る木地師の里だった。一九〇〇（明治三三）年に島根県から移住してきた男性が技術を伝えたのが始まりで、最盛期には五一世帯、一五

お年寄り6人となった集落を見て回る岡田さん。空き家が増えたため、定期的に巡回を続ける

〇人以上が暮らした。しかし戦後、プラスチック製の容器におされて漆器づくりは廃れ、若者は都市に流出。残された住民の高齢化が進んだ。

いま、住民六人の全員が七五歳を超え、高齢化率は一〇〇%。持ち主が去った田畑の草刈りに手が回らず、草が生い茂る。消火栓や消火ホースも備えてあるが、火事が起きても、力仕事の放水はできない。集落で出すのが慣例の葬儀も自前では難しい。岡田さんをはじめ、集落に残って地域を支えてきた昭和一桁世代が八〇歳を超え、集落としての機能は年々弱まる。

「無人化に向かう集落をどうするかを考えないといけない時期に来ている」。町地域づくり課の栗栖一正課長は危機感をもつ。五年前から町内の全四八集落に、五～一〇年先の地域づくりの計画を作るよう促してきたが、二六集落は作れずにいる。高齢化率が七割を超え、計画を作ろうにも作れない集落が半分を占めるという。

那須だけではない。中国山地の六九市町村を対象にした中国新聞社のアンケートでは、八三集落が二〇年以内に消滅する恐れがあることが判明。集落の消滅が今後加速する懸念が明らかになった。

岡田さんはこの一二月、地域づくりを考える広島市でのシンポジウムでパネリストとして招かれ、集落の厳しい現実を説明した。一方で、町社会福祉協議会の後押しで食料品の移動販売車が月二回来るようになるなど新たな支援の輪も生まれてきたことを紹介。空き家や田畑の手入れで頻繁に戻ってくる元住民がいることも挙げ「那須は夏でも涼しくていい所。定住してほしい」と呼びかけた。

岡田さんは五年前、自宅の台所やトイレをリフォームし、床暖房も付けた。約三〇キロ離れた広島市安佐北区で暮らす一人娘の洋子さん（五七）が使いやすいようにとの思いからだった。教諭として働く洋子さんは定住までは考えていないが、定年後は那須で過ごす時間を増やしたいと考えている。

「明日のことは読めない時代だから、受け皿だけはしっかりしておきたい。簡単に古里を捨てたらいけん」。岡田さんは集落の存続を願い続ける。

《特集》那須に生きる。今日も、明日も

半世紀にわたり過疎が進んできた中国山地ではいま、「昭和一桁世代」が八〇歳を超え、山深い集落が存続の危機にさらされている。お年寄り六人が暮らす広島県安芸太田町の那須集落を訪ねた。

山々の合間にぽっかりと開けた那須集落。かつては51軒の世帯があり、漆器作りの里としてにぎわったが、いまは25軒のうち21軒が空き家になっている

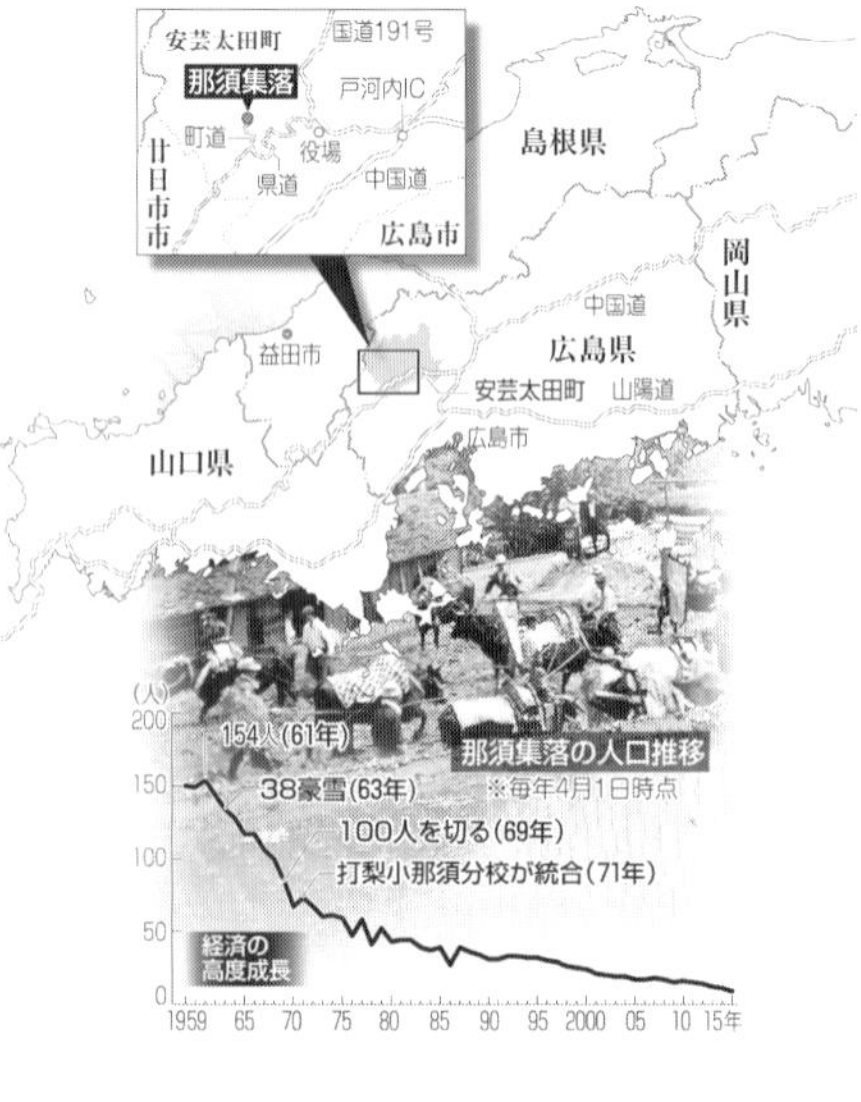

＊

那須集落は、安芸太田町役場から車で約二〇分。太田川沿いの県道を進み、車の擦れ違いが難しい狭い町道を上がると、急に視界が開けて集落が現われる。緩やかな斜面に広がる集落は「隠れ里」のようだ。

那須には、ろくろを回して木地を削り、椀《わん》や盆

を作る木地師が住んでいた。地元の戸河内町郷土史研究会などが一九八三年にまとめた「とごうち郷土誌考」によると、もともとは木材生産が主な産業だったが、一九〇〇（明治三三）年に島根県から移住してきた男性が木工や漆塗りの技術を住民に教え、漆器作りが盛んになった。最盛期の大正初めには五一世帯あり、一五〇人以上が暮らしていたという。

　しかし、第二次世界大戦の影響で男手が減り、戦後はプラスチック製の容器に押され、相次いで廃業に追い込まれた。日本経済が高度成長に入ると、仕事を求める若者が都市部に出て行き、過疎が加速。人口は六九年に一〇〇人を切り、減少の一途をたどった。

六人の日々

　生まれ育った人の多くが古里を出たが、残った住民はのんびりと暮らしを楽しむ。自治

花田植えの衣装をまとって列をなす住民たち

記念撮影をする那須分校の児童と教師たち。教師も集落に住み、教育にあたった

かつての那須集落。棚田はきれいに田植えをされ、手入れが行き届いている

漬物を作るため、大根を軒下に干す藤本さん（左）と笑子さん。長い冬に備えた昔ながらの保存食は、寒風にさらされるほどうまみが増す

会長の藤本兼人さん（八五）は林業で家族を養い、子ども三人を育てた。「当時は木を一本切ったら何十万円かにはなった」。子どもは集落を出て独立し、藤本さんは六〇歳を前に林業を離れ、妻の笑子さん（八二）と野菜作りに精を出す。「足りない物はたまに車で買いに出る。不自由と思ったことはない」。

二〇一四年一二月に大雪で集落が孤立状態になるなど冬の生活は厳しい。集落で除雪機を扱えるのは男手の二人だけ。那須にとどまる理由でもある。体調を崩して入院したこともあったが、那須に住み続けるとの思いは変わらない。

岡田秋人さん（八二）は一四歳のとき、近所の木地師の家の跡取りとして養子に入った。ろくろを回す父からは「習ってみろ」と言われたが、廃れつつあった漆器作りではなく、林業を学び、地元で会社を設立。伐採や植林を請け負い、雇用も生んだ。「『隣が出たけえ、わしも』と次々に集落を出て行き、負けたような気がしたが、いま思えば出なくてよかった」。妻のスミコさん（七六）も同じ思いだ。

岡田さん（左）とスミコさんがせっせと雪をかく。「こればかりは休むわけにはいけん」。淡々と厳しい冬を乗り越えてきた

冬場は、一人暮らしの女性は一時的に集落を出る。毎冬、約一〇キロ離れた町の入所施設で過ごす岡崎マキエさん（八六）は「住み慣れた那須が

一番ええ」と、那須に戻る春を心待ちにする。六〇年以上前、隣の横川《よこごう》集落から嫁ぎ、山仕事の夫を支え、畑を耕した。「同じことをやっとるようでそうでもない。一日でも長くそんな生活をしとうてね」。盆に子や孫、ひ孫たちが那須に集まるのがなによりの楽しみという。

岡崎さんは自宅裏の畑で丹精込めて野菜を作る。「これをやっとかにゃやれん」。これまで通りの生活を続けたいと願う

岩本菊枝さん（八七）は二九歳で亡くなった兄に代わり、婿を取って家を継いだ。「両親の悲しみを見ると、家をしっかり守っていこうと思うた」。毎年、漬物作りを終えたら広島市内の長男宅に移り、冬を越す。長男夫婦は「ずっといて」と言ってくれるが、墓が気になり畑仕事もしたいので、春になると那須に戻る。「少しでも働けばご飯がおいしい。それは昔から変わっとりゃせん」。

岩本さんが庭先で育てた菊に、ツバキの葉を添え墓前に供える。「ご先祖さんに少しでも喜んでほしゅうてね」。墓守はここにとどまる大きな理由だ

離れても、通う古里　家の管理・器作り……

集落の二五軒のうち二一軒が空き家だ。ただ、かつての住民や家族が空き家の管理や畑仕事に相次ぎ訪れる。離れても古里への思いは強い。

二五歳で結婚して那須を出た岩本勝子さん（七七）＝広島市安佐南区＝は、夫の宝さん（七九）とほぼ毎週通う。野菜を作り、桃や梅の木の手入れや近隣の草刈りも小まめに。「守り継いできた

畑や家を荒らすといたたまれない。周囲の人に迷惑をかけるわけにはいかない」と話す。

　自動車関連メーカーに就職し、二五歳で集落を離れた増谷一登さん（七九）＝同＝は漆器作りの伝統に思い入れをもつ。木地師の叔父から技を習い、実家に設けた作業場で器作りを楽しんできた。ここ数年は体調が悪くやめているが「木地は那須の歴史。暖かくなったらまたやろうか」。

　打梨小那須分校の統合で集落から小学校がなくなる前年の一九七〇年に、家族七人で那須を出た上田保人さん（八五）、キミコさん（七八）夫妻は一五年一一月、三年ぶりに集落を訪れた。転居先は約一五キロ離れた小学校のある集落。「子どものための大きな決断だった」。自宅跡で当時を懐かしんだ。

　空き家に風を通すため、月に二、三回通うのは、五歳まで那須で育った青木小夜子さん（七五）＝広島市安佐北区。「孫にも自分の古里を大事にし

毎週のように那須に通う岩本さん夫妻。集落を荒らさぬようにと、庭先や周辺の草刈りや枝打ちに汗を流す

実家に設けた作業場で、ろくろなどの道具の手入れをする増谷さん

自宅跡を３年ぶりに訪れ、那須集落で暮らしていた頃を懐かしむ上田さん夫妻

てほしい」と、盆などに集えるように水道と電気は契約したままだ。「年々、古里への思いは募る」と打ち明ける。

買い物や移動　組織で支援

人口減と高齢化が極度に進み、住民の助け合いにも限界が見える那須集落。町や町社会福祉協議会（社協）が支援組織をつくり、サポートしている。中国山地では同様の集落が増える見通しで、広島県社協は「那須の試みはモデルケースになる」と注目する。

「那須地域の暮らしを支え合う会」は二〇一四年一〇月、町や社協、民生委員、郵便局などの二〇人で立ち上げた。買い物や交通の不安を住民から聞き取り、対応策を協議。食料品を積んだ移動販売車が来るようになり、町が運行する予約制のデ

那須分校の元校舎で開かれたサロンで、食事をしながら会話を弾ませる住民たち。町社協などの音頭で隔月ペースで開かれる

移動販売車で買い物を楽しむ住民。月2回の訪問は生活に欠かせない

マンド型タクシーの使い勝手もよくなった。集落で葬儀をするさいには、約一〇キロ離れた吉和郷集落が協力してくれることになった。住民が食事をしながら交流するサロンも隔月で開く。

「那須でノウハウを蓄積し、他の中山間地域にも適用したい」と、県社協地域福祉課の伊藤竜也主任。定期的に外部の人が支援に入り、集落の営みを維持する仕組みを模索する。

たたら製鉄　山ひだに住む

高度成長迎え働き手流出

中国山地に連なる山々は高くても千メートル級で、比較的なだらかな山並みが続く。中世に始まり、江戸後期から明治にかけて最盛期を迎えたたたら製鉄の影響で山ひだの隅々にまで集落ができ、人が暮らしてきた。

しかし戦後、日本経済が高度成長に入ると、働き手が都市部に流れ出た。一九六二（昭和三八）年の三八豪雪で流れは加速。挙家離村が続き、集落ごと移転する地域もあった。首都圏が遠かった東北や北海道などと比べて、瀬戸内や京阪神の工業地帯が近い立地にあったこともあり、人口流出は急速に進んだ。

この現象を、国の経済審議会は六六年にまとめた「二〇年後の地域経済ビジョン」で「過疎」と表現。国は七〇年度に過疎地域対策緊急措置法を施行し、過疎地のインフラ整備を進める市町村を財政面から支援した。

中国山地でも道路や上下水道、医療福祉施設の整備や田畑の改良が進んだ。ただ、若者が街に向かう流れは止まらなかった。残る住民の老いが進み、全国に先駆けて高齢社会を迎えた。

「過疎」という用語が生まれて五〇年。今回のシリーズでは、中国山地のいまを追いかける。

島根大教育学部の作野広和教授に聞く
「むらおさめ」の備えを

過疎地を支えてきた昭和一桁生まれの世代が八〇歳を超えるなか、消滅が懸念される集落は各地にある。集落の消滅に備えた「むらおさめ」の必要性を提唱している島根大教育学部の作野広和教授（人文地理学）にどう対応すべきかを聞いた。

――「むらおさめ」とは。

中国山地は中世からたたら製鉄が盛んだったため山奥にも人が住んできた。これから限界を迎える集落が出てくるので、みとりが必要になる。そこに人が住んでいたことを記録し、住民が最後まで尊厳ある暮らしができるようにする。そして家屋や山、田畑をどうするかを話し合い、整理してもらう。大きくはこの三つが必要になる。

―その担い手は。

そういう集落が各地に出てくることを考えると、行政だけに求めていいのかという問題がある。やる主体はどこでもいい。たとえば、集落の出身者がときどき集まって盛り上げてもいいし、信頼できる第三者がいい場合もある。

――住民がいなくなった集落はどうなりますか。

住民がいなくても、集落の領域は残る。土地の所有者が田畑を耕作したり、山林に木を植えたりして通ってくる。住民がいなくなれば行政は除雪はしなくなるだろうが、道路の維持管理をやめるとか電気や電話を切るとか、そういうことはしない。インフラは維持せざるを得ない。

集落とは息の長いものでなかなか消えない。田園回帰の流れで移住者の受け皿にもなり得る。これまでとは構造が変わった形で存続していくと考えている。

② 原野に戻る「千枚田」

かつて「千枚田」と呼ばれた棚田に、二メートル以上の背丈のススキが群生する。西中国山地の羅漢山（一一〇八メートル）の中腹に広がる山口県岩国市錦町の後野集落。美しい景観を誇った棚田の大部分が原野に戻っていた。

「地権者のほとんどが都会に出てしまい、人がおらんから棚田はどうしようもない。ここは日当たりも土もいいのに……」。二〇アールの棚田でコメ作りを続ける平岡勇さん（七四）はぼやいた。集落に残るのは七軒。六〇代以上の計九人が暮らす。

子どもだった戦後まもなく、棚田を囲むように二十数軒の家が並び、住民は一〇〇人を超えていた。棚田は往時九ヘクタールに上った、と伝わる。

「月夜になると、水を張った田んぼが鏡のようになってね。月が映りきれいだった」。ホタルが舞い、カメラマンも撮影に来た。

だが高度成長期に入ると、集落で育った若者は都市部に出て行った。平岡さんも広島市でタクシー運転手となり家族をもった。母親が一人暮らし

ほとんどが草むらに返った棚田。「千枚田」と呼ばれた美しい眺めは失われた

となっていた二〇〇一年、一人でUターンした。

いまほどではないが、すでに当時から棚田は荒れていた。農地の保全に取り組む集落に国が交付金を出す制度を利用し、自治会ぐるみで棚田の草刈りをした。だが労力の負担は重く、三年で途絶えた。外部の人に田を任せるオーナー制度を取り入れたり、牛を放牧して雑草を食べさせる試みもしたが、長続きはしなかった。

コメ作りはいま、平岡さんを含めた三軒が計四〇アールで続けるだけ。棚田の九割以上が耕作放棄地だ。米価低迷で作っても利益は出ない。「先祖から引き継いだ田んぼを荒らしたくないだけ。しんどくなってきたが体が続く限りやりたい」。

集落の歴史を尋ねようと高台にある創建約三五〇年の正覚寺を訪ねた。自治会長を務める有間静興住職（六七）が「寺ができる前から集落はあったのでは」と教えてくれた。

有間さんは四男。三人の兄は住職にならず、関西に出た。有間さんも大阪で会社員をしていたが、住職だった父の勧めに応じ、一九八〇年に戻ってきた。

まだ棚田は多く残っていたが、過疎に歯止めはかからず、父からは「これから大変だぞ」と言われた。「なんとかもちこたえたい」との思いも込め、寺の周りに約一〇〇本のサクラの木を植えた。サクラは五年後には花を咲かせるようになり、満開になる四月には門徒を集めて法要を開いた。

しかし、ピーク時に一二〇人いた門徒は五〇人に減少。お布施も少なくなり、広島市内の寺の法事を手伝う生活に変わった。サクラの手入れが行き届かず、咲く花も少なくなってきた。

子どもはおらず、住職の後継候補はいない。「自分の代で終わりになるかも」とも思う。しかし住民から「寺がなかったら、私はここにおらんよ」と言われるたび、「集落にとっては寺が最後のとりで」と役割の重さを痛感する。

この大みそかの夜。寺を訪れる人はいなかったが、一人で除夜の鐘を突いた。「新年も元気に頑張ってほしい」。そんな願いを込め、静かな集落に鐘の音を響かせた。

③ 点在五戸「五年後は……」

切り立った渓谷美で知られる帝釈川ダムから南東へ約一キロ。吉備高原の山あいにある広島県庄原市東城町の大木集落は、入り組んで走る市道や小道沿いに五世帯が点在する。「同じ集落でも、住民同士が顔を合わすことはめったにない」。五年前まで三年間、区長を務めた小山博登さん（八八）がつぶやいた。

住民は七五～九一歳の七人。行政の連絡を受け、地区の行事を話し合う月一回の常会は、一〇年ほど前から徐々に開かれなくなった。集会所もほぼ使わないため、電気を止めた時期もある。市のお知らせなどの回覧文書は二年前から、住民が届け合うのではなく、各戸が集会所に取りに来ることに。隣家まで一キロ離れた家もあり、山道の上り下りは老いた身にはしんどいからだ。共同でしていた草刈りなどもできなくなった。

すっかり衰えた大木集落。だが一帯はかつて、一九二四（大正一三）年に完成したダムの建設をめぐりにぎわった。大木集落にも戦後は一四世帯、約八〇人が暮らした。吉備高原の石灰岩の地質は

自宅前の畑で季節の野菜を育てる小山さん夫妻。ことしからコメ作りはやめようと思っている

稲作に向かないため、生計の柱はこんにゃくや葉タバコの栽培。三世代が暮らす農家が多く、子どもの元気な声が響いた。

一九歳のとき、終戦をインドネシアで迎えた小山さんは古里へ帰り、妻モモエさん（八五）と田畑と家を守ってきたが、六〇年代以降、現金収入を求め、集落を後にする若者が増えた。「あっという間に人がおらんようになった」。とどまった小山さんの実感だ。

二人の子どもに「いつか戻ってきて」と言ったこともあるが、二人とも集落を出て、家庭を築いた。「周りに人がおらんようになるのに、子どもにここで暮らせというのも酷じゃろ」。この年末年始も相次いで帰省し、なにかと気にかけてくれるが、実家を継いでほしいとの願いも自然と消えた。

わずかな平地しかない山ひだに民家が張りつき、小さな集落が点在する中国山地。集落同士が連携し支え合うにも地形的な限界がある。

大木集落の一帯の一〇集落でつくる新坂自治振興区が仲立ちし、草刈りなどで近くの集落同士の協力を模索する動きもあったが頓挫。藤井岑雄《みねお》事務局長（七二）は「普段から人の行き来がないとなかなか進まない」と苦悩をにじませる。

「五年後、一〇年後の大木はのうなっとるかもしれん」。いまの区長の細川利雄さん（八五）は受け止める。五人きょうだいの長男。戦死した父に代わり、一二歳のころから祖父と田畑を耕した。生活を安定させるため、地元の石灰石粉砕会社にも勤め、妻悦子さん（八三）と二人の子どもを育てた。長男の大学進学時には、周囲から「跡取りを外に出し、細川の家は駄目になる」とも言われたが、子の将来のためにと背中を押した。

ぎりぎりまで集落にとどまる覚悟だが、「妻かわしか、どちらかが死んだら、一人ここで生きていくのはしんどい」。そう弱気になることもある。細った集落での暮らしに思いは揺れる。

④ 悲願の駅　乗客「ゼロ」

一両だけの列車に不釣り合いな長いホームが、往時をしのばせる。江の川沿いにたたずむJR三《さん》江《こう》線の江平《ごうびら》駅（島根県邑南《おおなん》町）。午前八時半すぎ、広島県三次《みよし》市に向かう列車に二人が乗り込んだ。近くの栗原ハナミさん（八八）と荒砂トキエさん（八四）。月に数回、三次市中心部の病院に通う。

二人とも夫に先立たれ、一人暮らし。列車の席に座れば、話が弾む。目的地の尾関山駅（同市）まで約四五分。江の川の対岸には、車の擦れ違いが難しい狭い国道が見える。「三江線が廃止じゃいうテレビに向かって独り言を言うたんよ。『道が狭いのを知らんこうに』いうて」。笑いを込めた栗原さんのぼやきに、荒砂さんが「やっぱりバスより汽車がええなあ」とうなずく。

全線一〇八・一キロの三江線の廃止検討は二〇一五年一〇月、JR西日本が広島、島根両県に通告した。一〇〇キロを超える本州ローカル線の全線廃止は前例がないが、JR西は乗客数がJR発足の一九八七年度の九分の一に落ち込んだことなどを理由に挙げる。江平駅も、一日平均の乗客数

三次市への通院のため、江平駅で列車を待つ栗原さん（左）と荒砂さん

が近年は三～一人で推移し、二〇一四年度は「〇人」。毎日乗る通学生はおらず、栗原さんたちの月数回の利用では一日平均で一人に達しない。

駅のある江平集落はいま、八世帯一二人。川と山に挟まれ、広い田畑はないものの戦後間もない頃は約二五世帯あった。「狭い土地だけえ炭焼きに養蚕、麻ひも作り、大工や石工……。いろんな仕事をする人がおった。冬は出稼ぎ」。荒砂さんが戦後の集落を振り返る。

地元の悲願だった江平駅ができたのは六三年。広島、島根県境を越える区間（式敷―口羽）が開通した年だった。集落の女性も手回しのミキサーでセメントを混ぜたり、つるはしで整地したりして工事を手伝った。山の上の集落の人に「あんたらええね、すぐに汽車に乗れて」とうらやましがられた。駅開業の数年後から三次市へ勤めに出た二人は「列車があったから出られた」と口をそろえる。

当初は二両連結。途中の駅からは、座れない人もいた。だが、自家用車の普及と沿線の人口減が進むなか、利用客は減り、一両でも空席が目立つようになった。

ＪＲが廃止検討を表明して以降、栗原さんは家にいても、三江線の乗り具合が気になる。旅行者で盛況の便もあるが、ほとんど乗客のいない便もある。「三江線にはいままでえっと世話になった。なくなりゃ仕方ない、バスでも乗るがね」。諦めが口を突く一方で、ＪＲ西は黒字経営と聞き、釈然としない思いも残る。

「旧国鉄がつくった国民の財産を、簡単に手放してよいのか」。江平集落の常会長を務める永井哲夫さん（六五）は、一五年一一月に発足した「江の川鉄道応援団」の幹事になった。存続運動にも積極的にかかわる。

ただ、思いは複雑だ。江平集落の最年少は五〇代。子どもがＵターンするあてのある家はない。「『子や孫のために三江線を残して』と言えないのが歯がゆい」。三江線問題は交通の話のようでいて、過疎地域の在り方が問われていると感じている。

⑤ 伝統神楽　拠点は街に

二〇一六年の元日、初売りでにぎわう広島市中区のショッピングセンター。「新春神楽」と銘打ったイベント会場に、中国山地の神楽のはやしが響いていた。初詣帰りや親子連れたち一〇〇人以上が詰めかけ、立ち見が出るほどの盛況だった。

演じていたのは広島、島根県境を挟んで広島県安芸高田市高宮町と島根県邑南町《おおなん》にまたがる山根集落の山根神楽団。客寄せを兼ね、一〇年以上前から毎年、元日に招かれる。ただ、出演者に集落の住民はいない。公演前にあいさつに立った山根集落出身の地頭功宗団長（六五）＝広島市安佐南区＝は「過疎と高齢化で地元に団員がいない。広島市を拠点に若いもんが一生懸命練習しとります」と紹介した。

山根集落は、広島市から北東へ約五〇キロの山深い谷間にある。古くはたたら製鉄が営まれ、戦後は米作や炭焼きで生計を立て、二〇軒以上に一〇〇人が暮らす「百人谷」と呼ばれた。

神楽団は江戸後期の一七九〇年、集落の住民が島根側の神楽を習ったのが始まりとされる。秋祭

広島市中区のショッピングセンターで舞を披露する山根神楽団の団員

りでは、集落を見下ろす日吉神社で夜通し舞い、人々が集まった。公演依頼も多数あり、県内外を渡り歩いた。一九五四年には広島県無形民俗文化財に指定された。

だが、高度成長期に若者は都市に流出。神楽団からも若手が消えた。七五年ごろから、山根出身者が多く住む広島市で練習するようになり、拠点は街に。秋祭りでの神楽も途絶えた。

「地元のもんがおらんけえ、広島に出たのはしょうがないよのお」。かつては舞い手として主役を演じ、いまも集落に住む元団員の鑪前《たたらまえ》静市さん（八六）は現状を受け入れる。いま、集落に残るのは六軒で、暮らすのは五〇～九〇代の八人。地元在住の最後の団員は一五年三月に亡くなった。

一方、広島市に移った神楽団の団員は現在二二人だ。昨今の神楽人気を背景に街育ちの中高生の入団が相次ぎ、集落で活動していた当時の十数人を上回る。地頭団長をはじめ、出身者の指導で週二回の練習を続け、年間三〇回の出演をこなす。若返りが進む半面、集落と無縁の団員の割合は増す。鑪前さんは「地頭団長がおる間はええが、地元のもんがいなくなったら、山根神楽団と言えるのか」と心配する。

一五年一一月、神楽団は日吉神社を訪れ、一七年ぶりに舞を披露した。「地元の神社でやろう」との支援者の提案がきっかけだった。

鑪前さんも招かれ、落ち葉が舞うなかでの情感たっぷりの神楽を楽しんだ。「やっぱり神楽はええ。自分がやっていたころを思い出した」。終了後、「これからも元気でやりんさいよ」と団員に声をかけた。

神楽人気を受け、現代風にアレンジした新作に力を入れる団もあるなか、山根神楽団は昔からの演目にこだわる。地元の秋祭りでの披露はなくなったが、近隣の安芸高田市高宮町と邑南町にある神社での奉納神楽は続けている。

「集落はさびしくなる一方じゃが、大先輩から引き継いだ神楽は残さんといけん」。地頭団長は街の若者とともに山根集落の伝統と文化を守るつもりでいる。

⑥ 豪雪の里　それでも住む

「雪がない冬なんてありゃせん。これからようけ降らにゃあええが」。毎冬、雪に覆われる広島県北広島町芸北地域の空城《そらじょう》集落。珍しく雪のない正月を迎えたが、元小学校長の斎藤義明さん（八二）は週末からの雪の予報を気にかけていた。

標高六〇〇メートル。谷間から生活水を引く。雪が降れば、そのホースの凍結を心配する日々が続く。好天時も一面の雪景色は変わらず、気温はほとんど上がらない。長い冬を何度も越えてきたが、やはり気は休まらない。

空城では現在、七五～八六歳の三世帯四人が暮らす。皆が年老いた。近年、集落のまとめ役である区長は、町内の別の集落に暮らす息子世代に任せている。

力仕事の除雪はお年寄りには厳しい。しかし、やらなければ家に閉じ込められる恐れもある。この冬、一人暮らしの女性二人は町内の高齢者施設で過ごす。集落には義明さん夫妻だけとなった。そんな初めての冬だ。

戦前までは二〇軒以上の家があった。疎開して

玄関前の雪を川に運び出す義明さん。集落には夫婦２人だけが残された（2015年12月17日）

きた人や、砂鉄の採掘で出稼ぎに来ていた人もいた。どの家も、野菜やコメを作る自給自足の生活である。ときおり、行商から買う締めさばなどの魚の保存食がごちそうだった。

そんな暮らしの転機はやはり、一九六三（昭和三八）年の「三八豪雪」だった。空城でも二メートル以上積もり、民家や田畑をすっぽり覆った。除雪車は来ない。雪かきを超えた、家を掘り出す作業を迫られた。断続的に停電したため、ろうそくをともし、木炭をこたつに入れて暖を取った。

「家や道路の境がわからんぐらい。雪をかいてもかいても終わりが見えんかった」と集落で生まれ育った斎藤ナミヨさん（八六）。何時間もかけて畑の雪を掘り、大根やジャガイモを採ってしのいだ。

豪雪は、都市部への人口流出に拍車を掛けた。三年前の六〇年に九二人いた住民は、一〇年後には三分の一に。七〇年、雄鹿原小空城分校が本校に統合されたことも追い打ちを掛けた。

年々細る集落をなんとかしようと、義明さんたちも立ち上がった。九四年に都市部の住民に農山村体験をしてもらう会員制のグループ「こぶしの里」を設立。広島市や広島県呉市の一〇世帯を招き、休耕田でソバやアズキを栽培し交流を深めた。しかし一〇年もすると、受け入れる住民側の体力が限界となり、やめざるを得なくなった。

二〇一五年一二月一七日、三〇センチ以上の雪が積もった。闘いはその日の朝から始まった。玄関先の雪を近くの川に運んでは落とす作業。何度も何度も繰り返す。八〇歳を超えた義明さんの負担は大きい。

家の前の町道に除雪車が来るのは昼下がりとなる。町の限られた財源では、住民の少ない地域の除雪は後回しになりがちという。それでも義明さんは言う。「ここに住んどらんと除雪車も来てもらえんようになる。よけい閉ざされるのは耐えられん」。豪雪地帯に踏みとどまる意地をのぞかせた。

⑦ 限界集落に赤ん坊の声

二〇年以上前から「限界集落」としてマスコミに取り上げられてきた集落が中国山地にある。広島と島根の県境近く。標高四五〇メートル前後の山あいに広がる広島県三次市作木町の岡三渕集落だ。自治会長の市川隆治さん（六五）は言う。「私の家族が外に出とったら、言われたとおりになっとったろうね」と。

六五歳以上が半数を超え、冠婚葬祭や草刈りといった共同作業が困難になるとされる限界集落。岡三渕がそう呼ばれ始めた一九九〇年代前半、人口は五〇人ほどで二〇年前の六分の一となり、高齢化率は六割を超えた。

「限界集落」と呼ばれて久しい岡三渕の自治会長を務める市川さん（左端）。長男翔太さん（右端）とあかねさん（右から２人目）の間に、集落で27年ぶりの赤ちゃんである凜ちゃんが生まれた

当時、二人の男の子がいた市川さん方は唯一の子育て世帯だった。集落に小中学校はなく、車での送り迎えが日課。共働き夫婦の負担は重く、雪降る冬場は特に大変だった。「便利な三次市内に家を建てる自信があったらここを出たかもしれんが、よう出んかった」。転出すれば高齢化率がはね上がるなか、集落にとどまり、二人を育てた。

息子たちは高校まで岡三渕で過ごし、県内の大学に進学。「卒業後も戻らないだろう」と半ばあきらめていた市川さんだが、長男翔太さん（二九）は言語聴覚士として三次市内の病院に、次男昂紀さん（二七）も同市内の会社に就職。なんと二人とも古里に戻ってきた。

明るいニュースは続く。翔太さんの妻あかねさん（二九）が二〇一五年六月に長女凜ちゃんを出産。昂紀さん以来、岡三渕で二七年ぶりの赤ん坊が生まれた。「これで消滅集落にはならない」と研究者が評しているのも耳にした。

「でも……」と市川さん。いま、集落の住民は一〇世帯の計一七人。若い世代が帰ってはきたが、依然高齢化率は七割。Iターン者もいない。「思ったより長続きしてきたが、先の見えん状態に変わりはない。厳しさは増してきよる」。

新しい住民を呼び込もうと、市は合併前の旧作木村時代から模索してきた。〇一年度には、就農希望者向けの市営住宅二戸を建設。一時は一世帯が入居した。しかしその後は利用ゼロ。いまはUターンした翔太さんの三人家族が暮らす。残る一戸は空いたままだ。

「過疎地で大きくしてもらった。自分もそういう暮らしができたらいいな、という思いがあった」と翔太さん。車やインターネットもある。生活の不便さはそれほど感じないという。

ただ、同世代がいない集落の現状に不安もある。「道路の草刈りは集落のみんなでやっているが、いまでも限界。住民が減ると、道路の除雪がさらに遅くなるかもしれない」。一五年四月以降、作木町内で生まれた赤ん坊は凜ちゃんを含めて二人だけ。車で二〇分以上かかる町内唯一の作木小、作木中の今後も気になる。「いつまで集落が続き、住み続けられるのか。ずっとここで暮らしたいけど、それはそのときにならないとわからない」と漏らす。

女亀山（八三〇メートル）を望む小さな盆地に、農村風景が広がる岡三渕。明治には四五〇人が暮らし、五〇〇年以上の歴史を刻んできた集落の行方はまだ見えない。

中国新聞社・島根大共同集落調査
全六九市町村アンケート

中国山地　八三集落消滅も

中国山地がまたがる中国地方五県と兵庫県の六九市町村のうち、一九市町の計八三集落が二〇年以内に住民がいなくなり、消滅する恐れがあることが、中国新聞社が島根大教育学部の作野広和教授（人文地理学）と共同で実施したアンケートでわかった。そのうち三五集落は一〇年以内に消滅の恐れがある。この一〇年間で四市町の計八集落が無人になったとされ、今後は集落の消滅が加速していくことが懸念される。

*

アンケートは全六九市町村が答え、計一万一六七三集落について回答があった。それによると、今後一〇年で消滅する恐れがあるのは島根県益田市や広島県安芸太田町など一〇市町の三五集落。今後二〇年で消滅する恐れがある集落は岡山県高《たか》梁《はし》市や山口県岩国市、広島県安芸高田市など一五市町の四八集落に上り、合わせると八三集落になる。全集落に占める割合は〇・七％。市町村別では、益田市一七▽高梁市一四▽島根県邑南《おおなん》町八▽岩国市七――の順だった。

広島県神石《じんせき》高原町や島根県美郷《みさと》町など六市町は「消滅する恐れがある集落がある」としながらも集落数は答えなかった。広島県の三次市や庄原市、広島県北広島町など一九市町は消滅する恐れがある集落の有無について「把握していない」と答えた。

二〇〇五～一四年の一〇年間で消滅した集落は、庄原市▽神石高原町▽岩国市▽岡山県真庭市――の四市町が「ある」と返答。計八集落で住民がいなくなったという。約八割の五七市町村は「ない」と回答した。

日本経済の高度成長に伴い、中国山地の人口は瀬戸内や京阪神の工業地帯に流出し、全国でも先鋭的に過疎が進んだ。アンケートは、中国山地が位置する六県のうち、林野率が七五%以上であるなどとして山村振興法の指定を受ける内陸部の六九市町村を対象にした。

消滅危機集落

消滅に向かう集落では、住民の減少と高齢化で助け合いが難しくなり、買い物や移動など日常生活に困る事態も起きそうだ。無住となれば、空き家や田畑、山の管理の問題も出てくる。自治体の目配りが欠かせないが、調査対象の約三割の一九市町は消滅の恐れのある集落があるかどうかさえ把握していなかった。三次市や庄原市、岡山県新見市など、中国山地の中央部で多くの過疎集落を抱える自治体がそこに含まれる。

中国山地の集落調査に長年取り組み、アンケートを共同で実施した島根大の作野広和教授は、過疎集落の担い手である昭和一桁世代が八〇歳を超えた点を挙げ「地域を支えてきた世代がいよいよいなくなるときに無住化という現象が出てくる。現状を把握していないのは行政の怠慢」と指摘。「市町村が集落の実態をつかんでいないとなると人知れず消滅する集落が出てくる。実態がわからない市町村は早急に調査をするべきだ」と警鐘を鳴らす。

中国地方四市町　一〇年で八集落消滅

《現地ルポ》

転居・死去　無人の山あい
空き家荒廃　地域危機感

（広島県神石高原町夕待）

六年前に住民がいなくなったという広島県神石高原町小野地区の夕待集落を訪ねた。

＊

中国自動車道東城インターチェンジから国道一八二号を南下。山あいを縫うような町道に入ると、道幅はどんどん狭くなり、五〇分ほどで夕待集落に着いた。名前の通り、夕焼けの美しさで有名だった。しかしいま、集落の入口にある集会所の看板の文字はほとんどが消え、空き家の土壁が崩れ、瓦がずり落ちている。五、六軒の空き家が確認できたが、道が草木に覆われて近づけない家もあった。

近くの集落の住民や町によると、二〇〇九年までは二世帯に計三人のお年寄りが住んでいたが、亡くなったり転居したりして無人に。高齢の女性が亡くなり、残された夫が生活に困って町外に住む息子宅に移ったケースもあった。

空き家は一〇軒に上り、何者かに荒らされたこともあるという。町集落支援員の高原敬二さん（六七）は「あっという間に人がいなくなり、どうしようもなかった。近隣住民の目も届きにくく、防犯面でも不安が増した」と話す。

町が町道の維持管理を続けるほか、夕待集落が加盟していた同町小野地区の自治振興会も年二回、町道沿いの草刈りをする。ときおり、家の管理や墓参りで訪れる人がいるためだ。町まちづくり推進課は「現時点では町道以外への対応は考えていない」としている。

小野地区は標高四〇〇〜五〇〇メートルにあり、九集落に約一三〇人が暮らす。約一〇年前から「天空の里」と銘打ち、定住策や交流事業を強化。地区外の住民を招いたブドウ祭りや地元産の米を食べる会を開くほか、一四年九月には「小野の将来を話し合う会」を立ち上げアイデアを練る。自治振興会の前原孝史会長（六三）は「地区全体が沈まないようできることをやっていくしかない」と気を引き締める。

住民がいなくなり、雑草に包まれる夕待集落の集会所

《アンケート詳報》

集落は、老いている

過疎、高齢化が進む中国山地の集落について中国地方五県と兵庫県の六九市町村に中国新聞社と島根大が尋ねたアンケートで、集落の高齢化が深刻化する実態があらためて明確になった。集落の衰退に対する市町村の取り組みには温度差もみられた。「地方創生」の旗を振る国への評価はほぼ二分された。

〈アンケート対象の69市町村〉

集落の高齢化・消滅

六五歳以上の割合が五〇％を超えた集落は五八市町村に計二六七五集落あり、調査対象の全集落の二七・一％を占める。山口県周南市（旧鹿野町）、同岩国市（旧本郷村と周東、錦、美川、美和の各町）、広島県安芸太田町、同神石高原町、岡山県美咲町（旧旭町）は全集落の過半数が該当した。

県別では、そうした集落の割合が最も多かったのは山口県の三九・六％（五一一集落）。広島県三五・五％（七二〇集落）、岡山県二五・六％（八五三集落）と続いた。島根県は二一・三％（四四一集落）で、県西部の石見《いわみ》地方に限ると三二・九％（二九六集落）と高かった。

この一〇年で消滅した集落が「ある」としたのは四市町で、計八集落。今後一〇年間で消滅の恐れのある集落は一〇市町の計三五集落、この二〇年で懸念されるのが一五市町の計四八集落で、合計で八三集落となった。

市町村の対策

衰退する集落を維持していくための計画を個別の集落単位で作っているのは七市町。約七割の五一市町村は作成していなかった。「その他」を選んだ一〇市町では、複数集落でつくる自治振興区や旧小学校区など、より広い範囲で計画作りに取り組む例が目立った。

集落の衰退を受け、隣り合う自治組織を合併するなどの集落再編に取り組んでいるのは九市町。島根県浜田市や鳥取県南部町は、自治会や集落の再編をめぐり独自の補助制度を設けていた。五〇市町村は「取り組んでいない」と答えた。

今後の最優先課題は二二市町村が生活支援、一九市町村が新住民誘致、一四市町が安心安全対策を選択。自由記述では今後取り組みたい具体策として、住民の医療介護をサポートする仕組みづくりや、集落を支援する地域おこし協力隊員の増員、予約型乗り合いタクシーの利便性向上などが挙がった。

国への評価・要望

国の集落対策に「満足」「ほぼ満足」は計二九市町村。「あまり満足していない」が計三五市町村で上回った。自由記述では、移住者を呼び込むための空き家改修への支援や、集落消滅後の森林や農地を所有者が確実に管理するようにする制度創設を求める意見があった。

県への評価・要望

広島県の計八市町は「あまり満足していない」「満足していない」と回答。「ほぼ満足」の四市を上回った。他の五県では、各県の取り組みを評価

69市町村の回答結果

市町村名		この10年間で消滅した集落	住民がいなくなり、消滅の恐れのある集落		高齢化率50％を超える集落数（かっこ内は全集落に占める割合）	集落衰退に対する県の取り組みへの評価	集落衰退に対する国の取り組みへの評価
			今後10年	今後20年			
広島県	広島市	未把握	未把握	未把握	未把握	△	△
	三原市	なし	なし	なし	3(20.0%)	△	△
	府中市	未把握	あり	あり	未把握	△	△
	三次市	未把握	未把握	未把握	未把握	○	○
	庄原市	あり(1)	未把握	未把握	299(36.4%)	○	○
	東広島市	なし	なし	なし	1(6.7%)	△	△
	廿日市市	なし	なし	なし	41(33.1%)	○	○
	安芸高田市	未把握	あり(1)	あり(3)	144(27.3%)	○	○
	安芸太田町	なし	あり(2)	なし	28(58.3%)	×	△
	北広島町	なし	未把握	未把握	90(34.4%)	×	×
	世羅町	なし	未把握	未把握	未把握	×	×
	神石高原町	あり(1)	あり	あり	114(52.3%)	△	△
山口県	下関市	なし	なし	なし	未把握	○	○
	宇部市	なし	なし	なし	29(30.9%)	○	○
	山口市	未把握	未把握	未把握	64(25.0%)	○	○
	萩市	なし	無回答	無回答	64(43.5%)	○	○
	岩国市	あり(5)	なし	あり(7)	182(59.7%)	◎	◎
	美祢市	未把握	未把握	未把握	141(32.0%)	○	○
	周南市	なし	あり(3)	あり(2)	31(66.0%)	○	○
岡山県	岡山市	なし	なし	あり(2)	なし	○	○
	津山市	なし	未把握	未把握	未把握	○	○
	井原市	なし	なし	なし	4(18.2%)	○	○
	総社市	なし	なし	なし	1(1.7%)	△	△
	高梁市	なし	あり(4)	あり(10)	301(42.3%)	○	△
	新見市	未把握	未把握	未把握	171(23.1%)	△	△
	備前市	なし	未把握	未把握	10(4.6%)	○	○
	赤磐市	なし	なし	なし	15(40.5%)	△	△
	真庭市	あり(1)	未把握	未把握	168(24.6%)	△	○
	美作市	なし	なし	あり(1)	23(16.0%)	○	○
	和気町	なし	未把握	未把握	7(13.5%)	○	△
	矢掛町	なし	あり	あり	52(16.6%)	△	△
	新庄村	なし	なし	なし	7(30.4%)	△	△
	鏡野町	なし	なし	なし	11(15.1%)	○	○
	奈義町	なし	なし	なし	なし	△	×
	西粟倉村	なし	なし	なし	1(8.3%)	○	○
	久米南町	なし	未把握	未把握	未把握	×	×
	美咲町	なし	未把握	未把握	68(50.4%)	○	△
	吉備中央町	なし	なし	なし	14(43.8%)	△	△
島根県	松江市	なし	なし	なし	4(7.3%)	無回答	無回答
	出雲市	なし	なし	未把握	なし	○	○
	益田市	なし	あり(17)	なし	43(17.1%)	○	△
	安来市	未把握	あり	あり	53(13.3%)	○	○
	江津市	なし	あり(2)	あり(1)	8(25.0%)	△	△
	雲南市	なし	未把握	未把握	46(10.0%)	○	○
	浜田市	なし	なし	なし	66(41.8%)	△	△
	奥出雲町	なし	なし	あり	10(8.6%)	○	○
	飯南町	なし	なし	なし	32(25.8%)	○	○
	川本町	なし	なし	あり(1)	14(45.2%)	○	△
	美郷町	なし	あり	あり	44(41.9%)	○	△
	邑南町	なし	なし	あり(8)	72(35.0%)	△	△
	津和野町	なし	なし	あり(5)	49(42.2%)	△	△
	吉賀町	なし	なし	なし	未把握	無回答	無回答
鳥取県	鳥取市	なし	なし	なし	12(8.9%)	○	○
	倉吉市	なし	あり(3)	未把握	2(6.5%)	○	△
	若桜町	なし	なし	あり(1)	12(30.0%)	○	×
	智頭町	なし	なし	なし	10(11.5%)	○	△
	八頭町	なし	なし	あり(4)	7(5.4%)	△	△
	三朝町	なし	なし	あり(1)	2(3.1%)	○	△
	伯耆町	なし	なし	なし	9(17.0%)	△	無回答
	南部町	なし	なし	なし	7(7.6%)	無回答	無回答
	日南町	なし	なし	なし	16(45.7%)	○	○
	日野町	なし	あり(1)	なし	22(44.0%)	×	×
	江府町	なし	なし	なし	10(25.0%)	△	△
兵庫県	養父市	なし	なし	なし	2(3.8%)	無回答	無回答
	豊岡市	なし	あり(1)	あり(1)	3(4.3%)	○	○
	香美町	なし	なし	なし	13(10.8%)	○	△
	新温泉町	なし	あり(1)	あり(1)	13(39.4%)	○	△
	宍粟市	なし	未把握	未把握	1(3.0%)	○	○
	佐用町	なし	未把握	未把握	9(11.5%)	○	○
	合計	8	35	48	2675 (27.1%)		

（注）◎「満足」、○「ほぼ満足」、△「あまり満足していない」、×「満足していない」

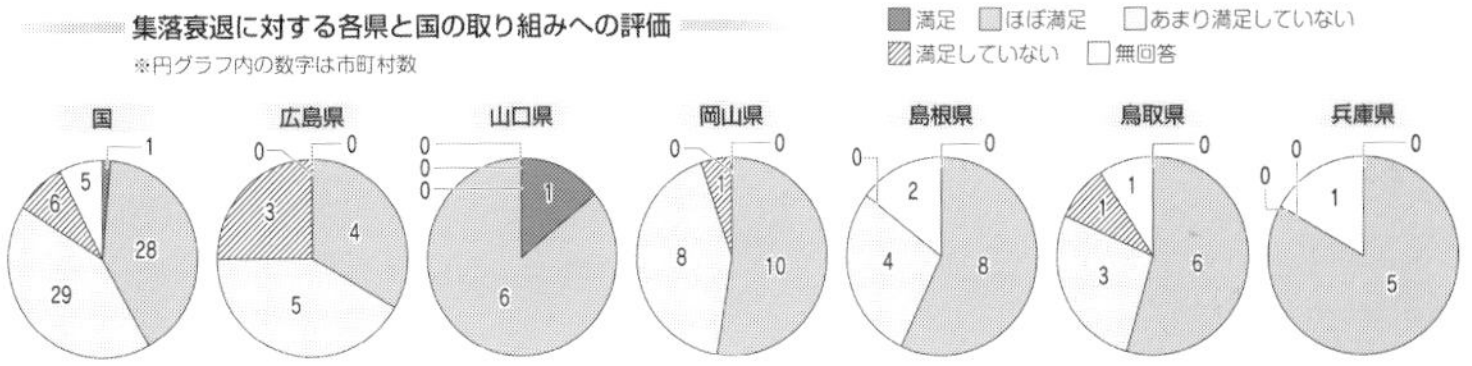

集落衰退に対する各県と国の取り組みへの評価
※円グラフ内の数字は市町村数

する市町村が過半数を占めた。具体的な要望として、集落支援を担当する職員の派遣▽県内統一の様式による集落点検▽移住者を増やすための大都市でのＰＲ強化――などが挙がった。

自由記述から

アンケートでは、集落維持に向けて今後取り組みたい具体策を自由記述形式で尋ねた。主な意見は次の通り。

▽高齢者が住み慣れた集落でいつまでも暮らせるようにする医療や福祉、介護面の生活サポートの仕組みづくり。行政等のサービスを受けやすくするための集住や、常設サロンなどの拠点づくり（広島県安芸太田町）

▽移住・定住策として一部地区に配置している「里の案内人」を、各地区に配置できるようにする（山口県周南市）

▽バス運行のない地域を走る予約型乗り合いタクシーを、各世帯から徒歩四〇〇メートル以内（現在は一キロ以内）で乗れるように設定する（岡山県井原市）

▽小さな拠点形成。循環バスや高齢者一時滞在施設の整備（岡山県新庄村）

▽結婚推進に力を入れ、集落で若者の定住を図る（岡山県美咲町）

▽地域おこし協力隊を活用した地域振興、小さな拠点づくりなどを支援する（広島県安芸高田市）

▽次世代を担う人材の育成やＵＩターンの促進、コミュニティービジネスの構築など（広島県北広島町）

▽地域おこし協力隊員の増員、商工事業者の事業承継（山口市）

集落全体が一面の雪に覆われた寺領地区。細長い谷筋に家々が並び、古くからの農村風景をとどめる。中央に見えるのは祇園坊柿の共同農地「柿団地」だ

季節の移ろいスケッチ①

冬の寺領（広島県安芸太田町）

柿の里　支え合い　守り継ぐ

柿のある風景が、自然と調和した農村景観を形成しているとして、一九九一年度に農林水産省の「美しい日本のむら景観百選」に選ばれた広島県安芸太田町の寺領《じりょう》地区。中国山地の四季の風景や人々の営みを折々に紹介する。

*

安芸太田町の中国自動車道戸河内《とごうち》インターチェンジから車で約二〇分。山あいの県道を縫うと寺領地区だ。朱色の瓦屋根の家屋、白壁の土蔵、手

入れの行き届いた田んぼ。昔ながらの農村の風景が広がる。

　地名の由来は、戦国時代に一帯を治めた武将、栗栖権頭《ごんのかみ》がいまも残る円光寺に土地を寄進したためと伝わる。与一野、才中得《さいなかえ》、寺領、長原の四集落からなり、八三世帯、計二〇〇人が暮らす。人口は二〇年前と比べて約一〇〇人減った。半数が六五歳を超えるが、農家で生産グループをつくり、支え合いで農地を守り継ぐ。

細く切った祇園坊柿をチョコレートでコーティングした「チョコちゃん」。一つ一つ、女性グループの手作りだ

　町特産の「祇園坊柿」の生産地としても知られる。約四〇〇〇本が植わった共同農地「柿団地」では柿の木のオーナー制度を設け、都市部の住民との交流を続ける。女性グループが地元産の柿で作るスイーツ「チョコちゃん」は、国際的な品評会である二〇一三年度のモンドセレクションで銅賞を受賞。知名度も上がり販路を広げている。

　寺領祇園坊柿生産組合の河本昭文組合長（七二）は「柿の生産、加工は住民にとっての生きがい。農地を守り、柿や歴史を次の世代に引き継げるよう踏ん張りたい」と語る。

祇園坊柿の枝切りに精を出す。防虫のために木の皮を剥ぐなど、農閑期も手入れは欠かせない

バチバチと音を立てるとんどに歓声が上がる。この日のために戻ってきた子や孫とともに、にぎやかな一日になった

学校頑張っとるんかいねー。とんどの火とぜんざいで体はぽかぽか。お年寄りと小中学生の会話も弾む

冬の夜空に満天の星々。人工の光がほとんどない山里は星が近い（20秒ずつ連続撮影した２００枚の写真を合成）

第2部　過疎半世紀

過疎という言葉が生まれて50年。半世紀にわたる人口減少は、中国山地の営みを大きく変えた。過疎・高齢化を通り過ぎ、お年寄りさえ減る時代。学校の統廃合が加速するなど暮らしは厳しさを増すなかで、住民は新たな時代を切り開こうと模索を続ける。第２部では、地域の変化に向き合う人の姿を通し、山里の課題を見つめる。

（中国新聞掲載は2016年１～２月）

① 高齢者も減る時代に

「居心地のいい庭」を意味する広島県三次市の福祉施設「コージーガーデン」。その裏庭でとんどの炎が燃え上がった。施設に通うお年寄りと障害者、子どもたち約五〇人が歓声を上げるなか、運営する社会福祉法人「優輝福祉会」（広島県庄原市）の熊原保理事長（六一）も輪に加わっていた。

デイサービスセンターや障害者が働くレストランにパン屋、保育所を併設する複合施設だ。年齢や障害に関係ない「まるごと福祉」を目指す同福祉会を象徴する場所でもある。

コージーガーデンの利用者たちに囲まれ、とんどの残り火で餅を焼く熊原さん（手前左から4人目）

会の発足は二六年前。庄原市総領町での特別養護老人ホームの開設をはじめ、過疎と高齢化が進む庄原、三次両市で高齢者施設を増やしてきた。障害者や子どもの施設にも手を広げ、合わせて一二施設を運営。多角化の理由の一つとして熊原さんは「いまに老人ホームにも閑古鳥が鳴くと思っていたからね」と打ち明ける。

少し上の団塊の世代だけでなく、同世代の多くも古里を出た。そんなことから、いずれ高齢者さえも減る時代が来ると感じていた。広島市や東京への進出を検討した時期もあった。

予想は当たった。庄原市の六五歳以上の人口が二〇一五年度、減少に転じたのだ。一五年九月末で一万五一六二人。前年同期を九六人下回り、市は今後三年間、高齢者施設を造らない方針だ。島根県でも二〇年ごろから減ると予測される。

団塊の世代が七五歳を超え、全国的には要介護者が急増する「二〇二五年問題」への対応が課題だ。しかし過疎先進地の中国山地にはすでに、「高齢者減少」の時代が到来しているのだ。

先を見越し、多角化を図ってきた熊原さん。だが経営の軸はやはり高齢者施設だ。一二施設で計三〇〇人が働く、広島県北部でも有数の「事業所」をどう維持するか。危機感を強めるなか、国が検討する「日本版CCRC構想」に注目する。

今後、東京圏の七五歳以上は急増するが、地方では高齢者が減り、医療介護サービスに余裕が生まれる。東京圏の高齢者の移住が解決につながる——。構想では、住まいや医療介護だけでなく、生涯学習や健康づくりに取り組める受け皿を地方に用意して移住を促す、との青写真を描く。一五年六月に有識者の団体が提言し、国は具体化を図る構えだ。

地方には「大都市の課題の押しつけだ」と反対論も根強いが、熊原さんは「『定年後は地方に移住を』というのはわれわれがずっと言い続けてきたこと。国がやっと追いついてきた」と歓迎。一五年八月には庄原、三次両市長に会い、CCRCの地域づくりを進めるよう要望した。

国が想定する大規模なものではなく、中国山地にはこぢんまりしたタイプがなじむと考える。たとえばコージーガーデンの近くで、一〇人ほどがともに暮らす施設ができないか、とも。

「パン屋やレストランがあり、仕事もいろいろある。周りには県立大学やゴルフ場も。うるおいある環境が実はそろっている」。図らずも、山里には備えもつ魅力がある。それが人々を引きつけるのではないかと、考え始めている。

② 統廃合　消える学びや

「みんなで雪を固めよう」「こっちにもう少し入れて」――。一面が銀世界になった島根県津和野町の左鐙《さぶみ》小の校庭で、全児童がかまくらを作っていた。国内有数の清流・高津川沿いの山里に子どもたちの歓声が響く。

全児童といっても総勢七人。一九五五（昭和三〇）年の一七〇人が、過疎で激減した。複式の三クラス制は、教員三人できめ細かく指導できる半面、大人数のなかでもまれる場は乏しい。町教委は二〇〇九年、約八キロ先の日原《にちはら》小への統合を打ち出した。

山あいに約三〇〇人が暮らす左鐙地区にとり、小学校は地域の絆を紡ぐ拠点。児童の減少に危機感を抱く住民は、統合案が出る前の〇七年に「左鐙の将来を考える会」を結成。存続に向けた活動を進めてきた。

地区外の親子を招いた農業体験会を開き、寄付を集めて空き家を改修。「自然があって、住民が家族のようで楽しいよ。一緒に子育てしよう」と移住を呼びかけた。東京や関西など町内外から一

かまくらを作る左鐙小の全児童７人。年齢を超えて協力しながら雪を集める

三世帯が移り住み、一五年度に一人と見込まれた児童数は七人に増えた。

だが、町教委は「小規模を通り過ぎ、極小校。コミュニケーション力を育むには限界がある」と主張。一五年六月、統合基準の一六人を上回る見込みがないとして閉校の議案を町議会に出し賛成多数で可決された。

「少な過ぎることの悪い面もあるが、いい面もたくさんある。実際に子どもがどう育ったかを評価せずに決められた」。学校存続を訴えるために町議になった京村まゆみさん（五二）は残念がる。

少人数の左鐙小では、授業や行事で児童が発表する機会が多く、好き嫌いや年齢差を超えて協力しないといけない場面もしばしば。そんな環境で成長していく姿を見てきた。「学校がなくなるから、『移住しておいで』と責任をもって言えなくなる」。豊かな自然と地域住民に育まれ、一四一年の歴史を刻んだ学校は一五年度末で閉校になる。

子どもが減り続ける過疎地では近年、小学校の統廃合が加速する。島根県ではかつて、多い年でも三校がなくなる程度だった。それが、ここ一〇年はほぼ毎年、過疎地を中心に五～一一校が閉校し、三〇年前に三一四あった小学校は二一〇校に。ここ一〇年、年平均で一〇校以上がなくなる広島県では、裁判になった地域もある。

〇四年に三町村が合併して誕生した安芸太田町。旧戸河内町にある上殿小（一五人）と戸河内中（五一人）は旧筒賀村の学校への統合が予定される。両校の児童・生徒の保護者たち一三人が一五年、統廃合の差し止めを求め、広島地裁に提訴した。

上殿地区の住民グループはここ数年、空き家を直して移住者を誘致。計六〇人が移り住んだ。四月には児童が二一人に増え、さらに微増が続く見込みだ。だが町教委は「少人数教育には限界がある」として応じない。

「学校のない地域に若いもんは住まん。廃校になったら地域が廃れるのは目に見えとる」と、上殿小の存続を訴える住民団体の会長を務める原告の今田精治さん（六五）。町教委の方針を覆そうと、慣れない法廷通いを続ける。

③ 整った農地　後継不足

整った形の田が雪に覆われた広島県の旧芸北町（現北広島町）の八幡地区。「農家も年を重ね、コメ作りができん田も徐々に増えてきた」。旧芸北町で助役を務めた高橋平信さん（七八）の視線の先には、雪から雑草が突き出す耕作放棄地があった。かつて町の旗振りで改良した田んぼである。

八幡湿原がある芸北には湿田が多い。町は一九七四年から、地中の土管で水はけを良くし、大型機械が使いやすいよう四角に整地する「ほ場整備」を進めた。稲作を省力化し野菜作りにも取り組む狙いがあった。

高橋さんは当初から専任で従事。七八年には三七歳で担当課長に抜てきされた。事業費の二五％は農家の負担で一部に反発もあったが、「芸北の将来のために」と各地に出向き、意義を説明。二〇回以上通った地区もあった。最終的には町内の農地の九割にあたる七二〇ヘクタールを整備。二〇一五年一二月、最後の中野地区の負担金償還が終わり、六三億円を投じた一大事業は節目を迎えた。

かつて整備に奔走した水田を見渡す高橋さん。その目には耕作放棄地も映る

「格段に作業の効率が上がった。ほ場整備をしていなかったら農業を辞めとったかもしれん」。中野地区にある土橋集落で米作を続ける沖田昌彦さん（七七）は振り返る。芸北では、農業ができる春から秋にかけてはトマトやキャベツなどの高原野菜も栽培。冬はスキー場で働くサイクルも生まれた。

一方で、過疎の波にのまれた芸北の人口はこの五〇年で六割減。農家は八〇年からの三〇年で八八七人から五五七人に減った。農地約八二〇ヘクタールのうち少なくとも約九〇ヘクタールが耕作放棄地と化した。

「ほ場整備をやっとらんかったら、もっと農地は荒れていた。ただ、農業の担い手育成にも力を入れるべきだった」と高橋さん。米価が低迷し、国は大規模農家の支援に軸足を移すなか、小規模農家が多い中国山地の農業の行方は不透明だ。だからこそ、地域を挙げて整備した田んぼを守ろうとする次世代に期待する。

八幡地区で耕す人のいない農地を引き受ける藤原俊二さん（五一）。長男竜也さん（三〇）たち三人と、コメ作りを続ける。

耕すのは、約二〇戸の農家から借り受けた計一五ヘクタール。ここ五年で倍増し、うち四ヘクタールは荒れていた田を復活させたものだ。作業効率の悪い山際の田も担う。「俊ちゃんがおらんと八幡の田んぼは荒れる」との地元評も。

生まれも育ちも八幡。広島県府中町の住宅設備会社で働き、二一歳でUターン。建設会社などを経て、三八歳で本格的に農業を始めた。

一五年はいもち病が発生し、収穫量は例年より三割減った。農閑期は建設業の仕事で赤字の穴埋めだ。それでも言う。「田を広げてもいまの米価じゃもうけにならん。引き受けるのは、年老いた農家から『農地を守りたい』との思いが伝わってくるからなんよ」。

一六年、竜也さんが初めて自分名義で農地一・一ヘクタールを借り、コメ作りを始める。独り立ちへの小さな一歩。地域の農業を受け継ぐ新たな光でもある。

④ 衰退加速　中心部すら

城下町の風情が残る広島県庄原市東城町。雪が降り続く中、商店街の飲食店に、六〇～八〇歳代の商店主たち六人が集まっていた。「昔は田植えや稲刈りが終わりゃあ、たくさんの人が訪れた。街にないものはなかったよ」。思い出話から政治や経済の話題でにぎやかに飲み、夜は更けていった。

一九七一年から続く「新町睦《むつみ》会」だ。隣近所や知人同士が金を出し合い、資金を融通する「頼《たの》母子講《もしこう》」の仕組みを参考に毎月一回、会費三千円で飲み会を開き、交流を深める。

もう五〇〇回を超えて開いてきた。ただ、多いときに三〇人いたメンバーは七人に。「往時を語り合える楽しい場じゃが、さみしゅうなった」。雑貨店主赤木伝平さん（八九）はつぶやいた。

東城はかつて、中国山地で盛んだったたたら製鉄の鉄製品や沿岸部の海産物など、物資の集積地だった。中心部を貫く約八〇〇メートルの商店筋は宿場町としても栄え、明治から昭和にかけての町家が居並び、二〇〇軒以上が軒を連ねていた。

雪の中、集いに向かう商店主たち。東城町の中心部に、往時のにぎわいはない

衰退を誘発したのは、七八年開通の中国自動車道だった。中心部の一キロ先に東城インターチェンジ（ＩＣ）ができ国道一八二号もＩＣ沿いを通る形になった。中心部にあった町役場も九四年に国道の近くに移転。大型スーパーなどは国道周辺に集まる。結果、中心部は一〇〇軒ほどに減った。

会の七人のうち四人が商店主だが、後継ぎがいるのは一人だけ。祖父の代から続く洋服店を営む中島千明さん（七二）は「道が良くなり、買い物客は福山や三次に流れた。東城は目的地から通過点に変わってしもうた」と嘆く。高速道という人と物流の大動脈は、地域をむしばむ結果も招いた。

島根県大田市の世界遺産・石見銀山から銀を運んだ銀山街道の宿場町だった同県美郷町の粕渕地区も、道路整備の「副作用」に苦しむ。地域経済の拠点だった山あいの町は、道が良くなったことで消費が流出し、中心部は衰退した。

町役場前の商店街は、昼間も人影がほとんどない。二五年前に七〇軒を数えた店舗はいま、二五軒。町商工会で副会長を務めた門手功汎《のりひろ》さん（七四）は「商店街に人を呼び込み、過疎を食い止めたいと考えてきたが……」と悔しがる。

そんな思いを抱いて七九年に堺市からＵターンし、実家の食料品店を継いだ。先細りを見据え、九〇年にスーパーを開業。店先で神楽を上演するなど工夫を凝らし、翌年から黒字に転換した。しかし人口減とともに売り上げは減り、二〇〇九年、閉店に追い込まれた。

幸い、商工会の役員が「地域の店を残したい」と運営を引き継いでくれ、一年後にスーパーは再開した。町の地域おこし協力隊員だった仙台市出身の桑折《こおり》久太郎さん（三七）が店長を務める。「買い物を楽しみにしてくれるお年寄りは多い。店に来られない買い物弱者へのサービスも考えていきたい」と桑折さん。門手さんの志は引き継がれている。

⑤ 流出対策　歯止めならず

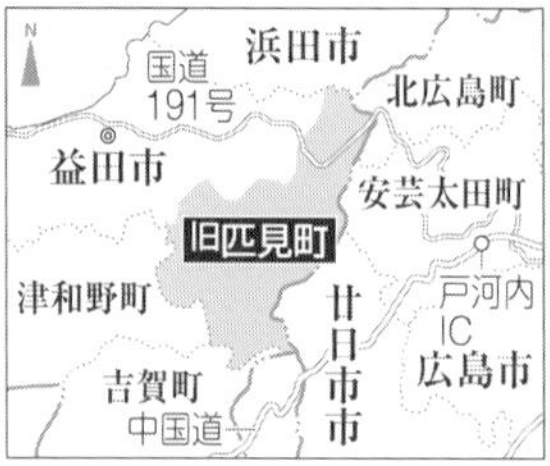

「ずっと過疎との闘いじゃったが、とうとう止まらんかった」。島根県の旧匹見町が益田市に編入合併した二〇〇四年までの一七年間、町助役を務めた大谷文男さん（七九）。「若者の働く場が少なかったことに尽きる」。残念そうに言葉をつないだ。

　全面積の九七％が山林の匹見。一九六三（昭和三八）年の「三八豪雪」で挙家離村が相次ぎ、六〇～六五年の五年間だけで人口が二七％減った。中国山地の過疎を象徴する町だ。

　山を工場に見立て、町の造林により雇用を生む「緑の工場」や、集落の集団移転……。六三年から四期務めた故大谷武嘉町長は独自の対策を繰り出し、「過疎町長」と呼ばれた。歴代町長も継承し、木製パズルなどの木工の里づくりも一時は盛況だった。ただ、過疎に歯止めはかからなかった。

　この五〇年で人口は五二五六人から一二二六人に。四分の一に縮んだ。「平成の大合併」前の旧市町村単位でみると、減少率は中国山地で二番目

直した田で谷ワサビを作る安藤さん。自立を模索する

に高い。

「国全体が人口減少に入った。もうひと波が来ますね」。大谷さんはさらなる縮小を予測する。ただ「私が現役のときにはなかった動きがある。時代は変わってきているはず」とも。

「東の静岡、西の島根」と称されるほどのワサビ産地だった匹見ではここ一〇年、ワサビ生産に挑戦しようとIターンが相次ぐ。林業を目指す人も含め、約四〇人の移住者が暮らす。

「ここのワサビの売りは粘りと甘み。ブランド力と希少価値がある」。標高七〇〇メートル近い山の渓流にあるワサビ田で、安藤達夫さん（五二）が目を輝かした。

もともとは京都府職員。林業担当が長く、年を重ねても元気な「山の男」に感化され、益田市のワサビの研修会に参加。〇八年、府職員の妻と別居し、匹見で一人暮らしを始めた。

しかし甘くはなかった。水のきれいな山奥の渓流で栽培する「谷ワサビ」にこだわるが、手作業で収穫量は増えない。単価も安い。

収入を増やそうと営業にまわり、やがて関西や東京の料亭などと取引できるように。わさびペーストなどの加工品作りも始めた。放置されたワサビ田の復旧も進め、一五年は谷ワサビだけで七〇キロを生産。加工品は関東を中心に生協組織でも販売されるようになった。

それでも、妻の仕送り頼みの暮らしだ。一六年、事業パートナーの木暮貴之さん（四一）が国から受け取ってきた年一五〇万円の青年就農給付金が切れる。「大事な一年」と自立の道を探る。

匹見の住民の声を聞くため市が定期的に開く協議会が一六年一月に開かれた。山本浩章市長に対し、給付金頼みから抜け出せないIターン農家への支援を求める声が続出。委員である大谷さんも「力を与えてほしい」と力説した。

「開拓魂があるIターン者は匹見の宝。よそからの目を入れていかないと」。新しい力を地域がどう生かしていくか。その方策も含め、大谷さんは過疎脱却を次代に託す。

人口推移調査

五〇年前より三六％減少
中国山地の六九市町村

中国新聞のまとめによると、中国地方五県と兵庫県のうち、中国山地にある六九市町村の人口が、この五〇年間で一三六万人から四九万人減って八七万人となり、三六％減っていた。過疎と少子化が続くなか、中核市の広島県福山市（四七万人）を超える規模の人口が失われた。平成の大合併前の旧市町村単位でみると、八〇・一％減の山口県岩国市の旧美川町を筆頭に、約四割が半分以下に減っている。

《中国山地の 69 市町村の総人口の推移》	
1965 年	136 万 288 人
70 年	121 万 7392 人（▲14 万 2896 人）
75 年	116 万 2195 人（▲5 万 5197 人）
80 年	114 万 2578 人（▲1 万 9617 人）
85 年	112 万 8049 人（▲1 万 4529 人）
90 年	109 万 1235 人（▲3 万 6814 人）
95 年	106 万 3122 人（▲2 万 8113 人）
2000 年	102 万 2963 人（▲4 万 159 人）
05 年	96 万 9632 人（▲5 万 3331 人）
10 年	91 万 268 人（▲5 万 9364 人）
15 年	86 万 9935 人（▲4 万 333 人）

※かっこ内は直近 5 年間での減少数

＊

調査は六県のうち、林野率が七五％以上であるなどとして山村振興法の指定を受ける内陸部の六九市町村を対象とし、平成の大合併前の旧一六一市町村単位でまとめた。一九六五～二〇一〇年は五年ごとの国勢調査の人口、一五年末は各市町村の住民基本台帳の人口で比較、分析した。

それによると、六五年に一三六万二八八人だった総人口は、一五年末時点で八六万九九三五人。五〇年間で四九万三五三人（三六・〇％）減った。五年ごとの落ち込み幅は、高度経済成長で都市部に人口流出が進んだ六五～七〇年の一四万二八九六人（一〇・五％）が最大。八〇年からは一万～三万人台に縮んだが、〇〇年以降は四、五万人台の減り幅が続き、人口減が加速している。

旧市町村単位で減少率をみると、五五八三人から一一一三人に減った旧美川町の八〇・一％が最も大きく、島根県益田市の旧匹見町七六・七%▽岡山県高梁市の旧備中町七二・〇%▽岡山県鏡野町の旧奥津町七〇・九%――の三町が七〇%台。六〇%台の一八町村、五〇%台の四〇市町村と合わせると計六二市町村となり、全体の三八・五%を占める。

一方で、広島県の旧三次市（二・五%減）や同県北広島町の旧千代田町（八・五%減）など九市町は一桁の減り幅にとどまったほか、同県廿日市市の旧佐伯町が一六・九%増となるなど五市町では人口が増加。全国でも先鋭的な過疎が進んだ中国山地のなかで、人口増減の地域差も浮き彫りになった。

衰える農山村
戦後日本の写し絵

中国山地の人口減少は、高度経済成長で働き手が都市に流れ出たのに加え、鉱山の閉鎖や地形の厳しさ、事業所の統廃合など、地域特有の要因が絡み合う。一方で都市部の近隣では減り幅が小さく、人口が増えたところがあるなど地域差も顕著だ。農山村が縮小し、都市圏が拡大した戦後・日本の歩みを投影している。

＊

減少率が八〇・一%と最も高かった岩国市の旧美川町。市美川支所の村田年生支所長は「三つの鉱山が一九七〇～九〇年代に相次いで閉山し、従業員と家族が町を出て行った。山と川に挟まれ、平地や農地が少ないのも苦しい」。廃鉱跡を使ったテーマパークを造るなどして観光客は増えたが、定住者の呼び込みは進まなかったという。

吉備高原にある高梁市の旧備中町も七二・〇%減。市定住対策課は「険しい山の谷間に多くの集落がある農業地域。地形的に厳しく、六〇、七〇年代に倉敷市の水島コンビナートに働きに出た人が多かった」と話す。かつては島根県邑智《おおち》郡の「郡都」としてにぎわいながらも、五九・一%減となった川本町のまちづくり推進課は「国や県の

鳥取

現市町村名	旧市町村名	1965年	2015年	増減率	現市町村名	旧市町村名	1965年	2015年	増減率
鳥取市	134 国府町	8904	8590	▲ 3.5	八頭町	143 船岡町	5612	3780	▲ 32.6
	135 河原町	10437	7194	▲ 31.1		144 八東町	7706	4402	▲ 42.9
	136 用瀬町	5662	3632	▲ 35.9	三朝町	145	10005	6755	▲ 32.5
	137 佐治村	4461	2104	▲ 52.8	伯耆町	146 溝口町	7291	4365	▲ 40.1
	138 鹿野町	5312	3854	▲ 27.4	南部町	147 会見町	4072	3698	▲ 9.2
倉吉市	139 関金町	5577	3562	▲ 36.1		148 西伯町	7778	7545	▲ 3.0
若桜町	140	8455	3505	▲ 58.5	日南町	149	13130	5056	▲ 61.5
智頭町	141	13383	7523	▲ 43.8	日野町	150	7977	3399	▲ 57.4
八頭町	142 郡家町	10391	9729	▲ 6.4	江府町	151	6311	3147	▲ 50.1

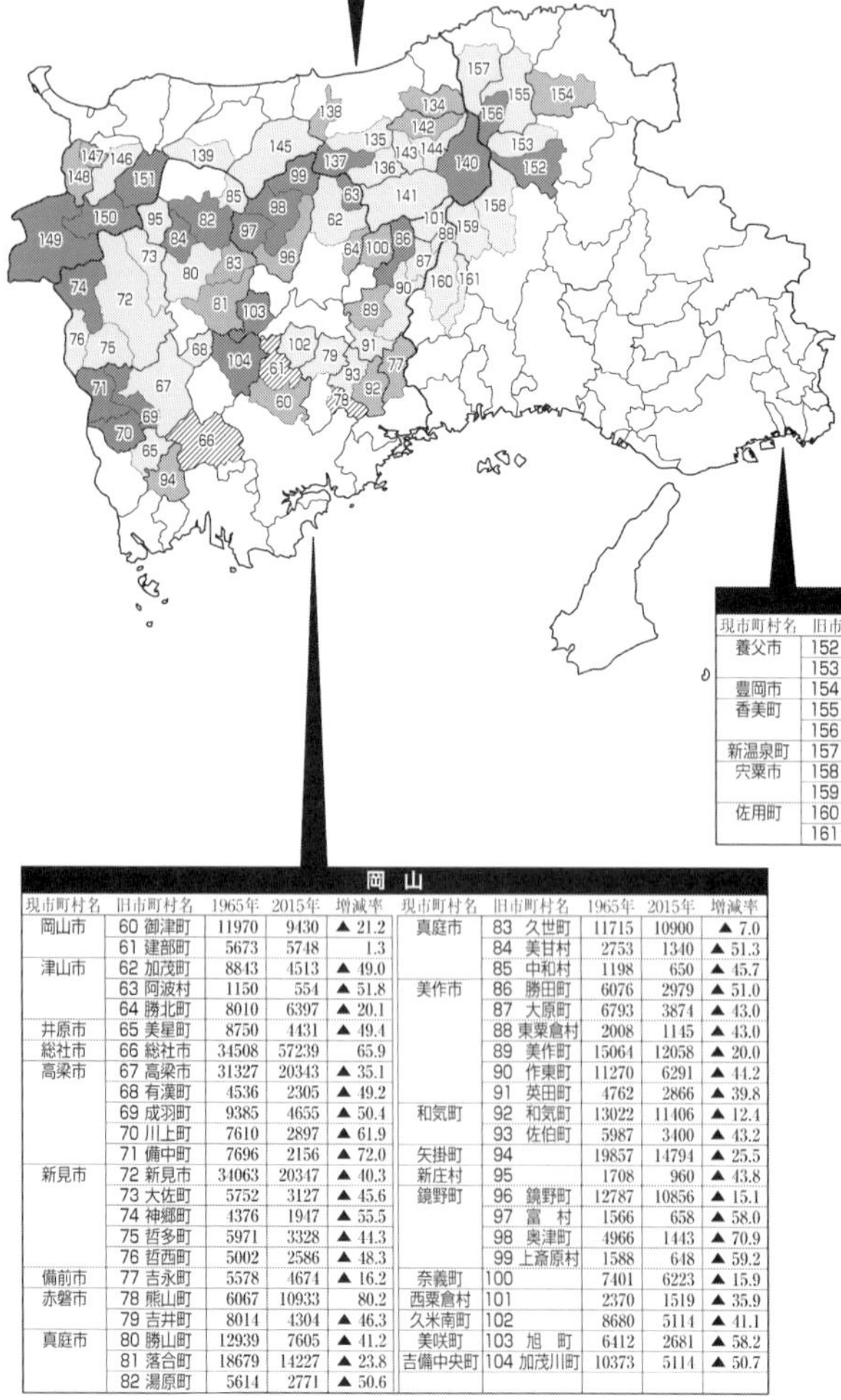

兵庫

現市町村名	旧市町村名	1965年	2015年	増減率
養父市	152 大屋町	9313	3747	▲ 59.8
	153 関宮町	6639	3682	▲ 44.5
豊岡市	154 日高町	20338	17313	▲ 14.9
香美町	155 村岡町	10293	5221	▲ 49.3
	156 美方町	4296	2084	▲ 51.5
新温泉町	157 温泉町	11073	5880	▲ 46.9
宍粟市	158 波賀町	6445	3897	▲ 39.5
	159 千種町	5557	3105	▲ 44.1
佐用町	160 佐用町	10998	7268	▲ 33.9
	161 南光町	5556	3669	▲ 34.0

岡山

現市町村名	旧市町村名	1965年	2015年	増減率	現市町村名	旧市町村名	1965年	2015年	増減率
岡山市	60 御津町	11970	9430	▲ 21.2	真庭市	83 久世町	11715	10900	▲ 7.0
	61 建部町	5673	5748	1.3		84 美甘村	2753	1340	▲ 51.3
津山市	62 加茂町	8843	4513	▲ 49.0		85 中和村	1198	650	▲ 45.7
	63 阿波村	1150	554	▲ 51.8	美作市	86 勝田町	6076	2979	▲ 51.0
	64 勝北町	8010	6397	▲ 20.1		87 大原町	6793	3874	▲ 43.0
井原市	65 美星町	8750	4431	▲ 49.4		88 東粟倉村	2008	1145	▲ 43.0
総社市	66 総社市	34508	57239	65.9		89 美作町	15064	12058	▲ 20.0
高梁市	67 高梁市	31327	20343	▲ 35.1		90 作東町	11270	6291	▲ 44.2
	68 有漢町	4536	2305	▲ 49.2		91 英田町	4762	2866	▲ 39.8
	69 成羽町	9385	4655	▲ 50.4	和気町	92 和気町	13022	11406	▲ 12.4
	70 川上町	7610	2897	▲ 61.9		93 佐伯町	5987	3400	▲ 43.2
	71 備中町	7696	2156	▲ 72.0	矢掛町	94	19857	14794	▲ 25.5
新見市	72 新見市	34063	20347	▲ 40.3	新庄村	95	1708	960	▲ 43.8
	73 大佐町	5752	3127	▲ 45.6	鏡野町	96 鏡野町	12787	10856	▲ 15.1
	74 神郷町	4376	1947	▲ 55.5		97 富　村	1566	658	▲ 58.0
	75 哲多町	5971	3328	▲ 44.3		98 奥津町	4966	1443	▲ 70.9
	76 哲西町	5002	2586	▲ 48.3		99 上斎原村	1588	648	▲ 59.2
備前市	77 吉永町	5578	4674	▲ 16.2	奈義町	100	7401	6223	▲ 15.9
赤磐市	78 熊山町	6067	10933	80.2	西粟倉村	101	2370	1519	▲ 35.9
	79 吉井町	8014	4304	▲ 46.3	久米南町	102	8680	5114	▲ 41.1
真庭市	80 勝山町	12939	7605	▲ 41.2	美咲町	103 旭　町	6412	2681	▲ 58.2
	81 落合町	18679	14227	▲ 23.8	吉備中央町	104 加茂川町	10373	5114	▲ 50.7
	82 湯原町	5614	2771	▲ 50.6					

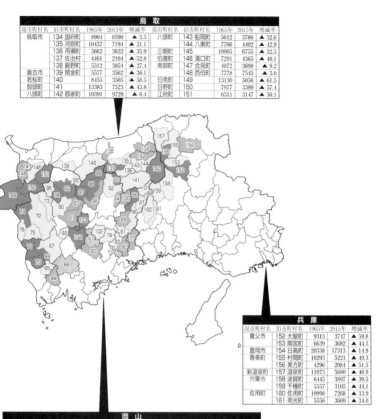

島根									
現市町村名	旧市町村名	1965年	2015年	増減率	現市町村名	旧市町村名	1965年	2015年	増減率
松江市	105 八雲村	4162	6880	65.3	奥出雲町	120 横田町	11268	6409	▲ 43.1
出雲市	106 佐田町	7001	3581	▲ 48.9		121 仁多町	12233	7173	▲ 41.4
益田市	107 美都町	5352	2062	▲ 61.5	飯南町	122 頓原町	5396	2334	▲ 56.7
	108 匹見町	5256	1226	▲ 76.7		123 赤来町	6045	2827	▲ 53.2
安来市	109 広瀬町	10376	7461	▲ 28.1	川本町	124	8507	3481	▲ 59.1
	110 伯太町	6888	4749	▲ 31.1	美郷町	125 大和村	3663	1583	▲ 56.8
江津市	111 桜江町	6602	2792	▲ 57.7		126 邑智町	8816	3522	▲ 60.0
雲南市	112 大東町	18702	12991	▲ 30.5	邑南町	127 石見町	8948	5473	▲ 38.8
	113 木次町	12647	9001	▲ 28.8		128 瑞穂町	7883	4306	▲ 45.4
	114 三刀屋町	10386	7419	▲ 28.6		129 羽須美村	4528	1554	▲ 65.7
	115 吉田村	3942	1825	▲ 53.7	津和野町	130 津和野町	10278	4379	▲ 57.4
	116 掛合町	6351	3077	▲ 51.6		131 日原町	7759	3523	▲ 54.6
浜田市	117 金城町	6624	4452	▲ 32.8	吉賀町	132 柿木村	3034	1532	▲ 49.5
	118 旭 町	6055	2950	▲ 51.3		133 六日市町	8208	4984	▲ 39.3
	119 弥栄村	3446	1387	▲ 59.8					

対象69市町村（旧161市町村）の人口の推移

林野率が75％以上であるなどとして山村振興法の指定を受ける中国地方５県と兵庫県の内陸部の69市町村を「中国山地」として調査対象とし、「平成の大合併前」の旧161市町村単位でまとめた。1965～2010年は５年ごとの国勢調査の人口、15年末は各市町村の住民基本台帳の人口で比較、分析した。

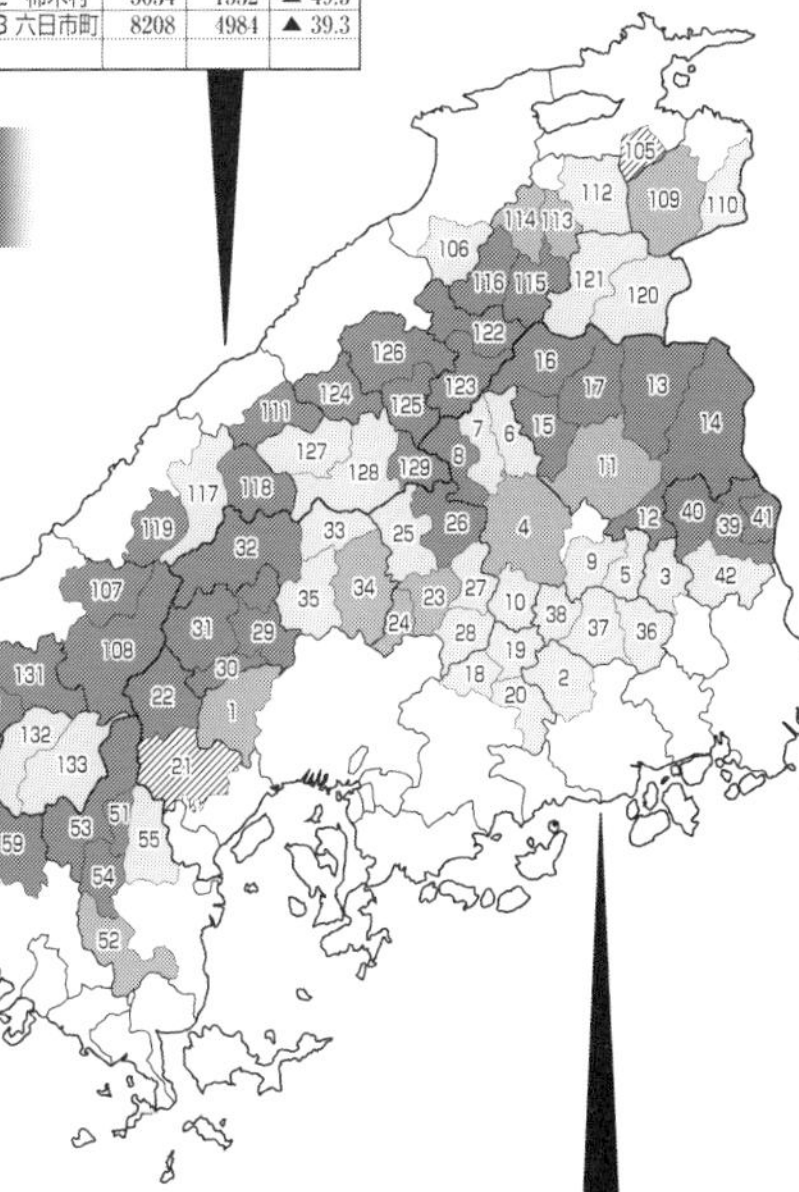

※表内の旧市町村名の前の数字は地図内の数字に対応。増減率は％。▲はマイナス

山口				
現市町村名	旧市町村名	1965年	2015年	増減率
下関市	43 豊田町	10484	5539	▲ 47.2
宇部市	44 楠 町	9318	5926	▲ 36.4
山口市	45 徳地町	14193	6262	▲ 55.9
	46 阿東町	15755	6204	▲ 60.6
萩 市	47 川上村	2647	916	▲ 65.4
	48 旭 村	3854	1707	▲ 55.7
	49 福栄村	5538	1914	▲ 65.4
	50 むつみ村	4273	1580	▲ 63.0
岩国市	51 本郷村	2762	913	▲ 66.9
	52 周東町	16177	12921	▲ 20.1
	53 錦 町	8705	2789	▲ 68.0
	54 美川町	5583	1113	▲ 80.1
	55 美和町	7889	4131	▲ 47.6
美祢市	56 美祢市	34359	15933	▲ 53.6
	57 秋芳町	9712	5078	▲ 47.7
	58 美東町	8295	5108	▲ 38.4
周南市	59 鹿野町	6897	3367	▲ 51.2

広島									
現市町村名	旧市町村名	1965年	2015年	増減率	現市町村名	旧市町村名	1965年	2015年	増減率
広島市	1 湯来町	7486	6214	▲ 17.0	廿日市市	22 吉和村	1653	704	▲ 57.4
三原市	2 大和町	9497	6054	▲ 36.3	安芸高田市	23 吉田町	11335	10890	▲ 3.9
府中市	3 上下町	8801	4828	▲ 45.1		24 八千代町	4084	3719	▲ 8.9
三次市	4 三次市	37871	36909	▲ 2.5		25 美土里町	5465	2835	▲ 48.1
	5 甲奴町	5104	2596	▲ 49.1		26 高宮町	7776	3569	▲ 54.1
	6 君田村	3019	1629	▲ 46.0		27 甲田町	7433	5136	▲ 30.9
	7 布野村	2977	1576	▲ 47.1		28 向原町	6753	4000	▲ 40.8
	8 作木村	4355	1488	▲ 65.8	安芸太田町	29 加計町	8536	3353	▲ 60.7
	9 吉舎町	8059	4100	▲ 49.1		30 筒賀村	2466	990	▲ 59.9
	10 三和町	5465	3007	▲ 45.0		31 戸河内町	6019	2463	▲ 59.1
庄原市	11 庄原市	26515	18584	▲ 29.9	北広島町	32 芸北町	5801	2373	▲ 59.1
	12 総領町	3738	1442	▲ 61.4		33 大朝町	5553	2983	▲ 46.3
	13 西城町	8523	3697	▲ 56.6		34 千代田町	11375	10412	▲ 8.5
	14 東城町	16866	8306	▲ 50.8		35 豊平町	6943	3687	▲ 46.9
	15 口和町	4414	2127	▲ 51.8	世羅町	36 甲山町	9558	6070	▲ 36.5
	16 高野町	4194	1897	▲ 54.8		37 世羅町	11216	7654	▲ 31.8
	17 比和町	3733	1495	▲ 60.0		38 世羅西町	6254	3351	▲ 46.4
東広島市	18 福富町	3955	2522	▲ 36.2	神石高原町	39 油木町	6382	2371	▲ 62.8
	19 豊栄町	6763	3486	▲ 48.5		40 神石町	5981	2108	▲ 64.8
	20 河内町	8900	6157	▲ 30.8		41 豊松村	3665	1361	▲ 62.9
廿日市市	21 佐伯町	8898	10398	16.9		42 三和町	7269	3918	▲ 46.1

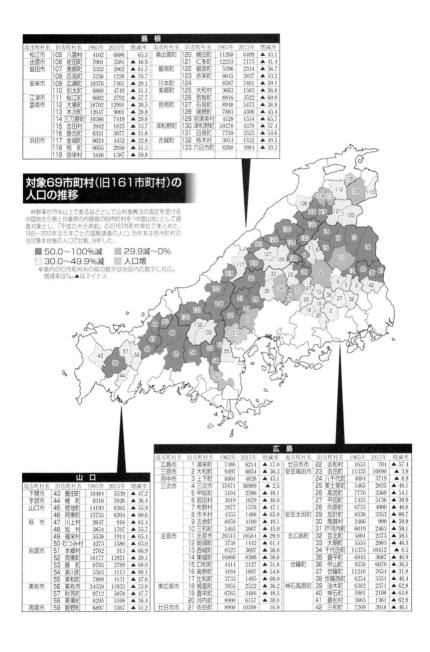

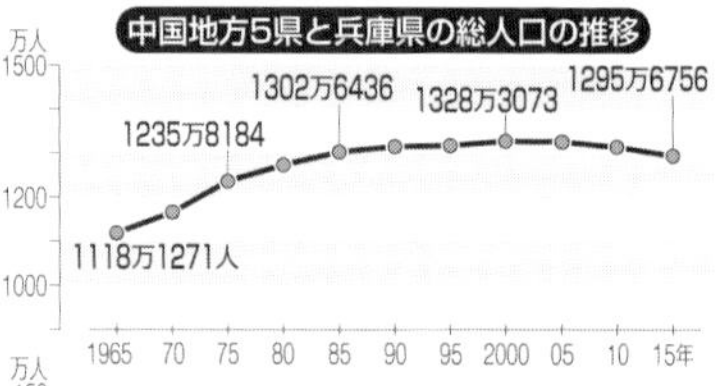

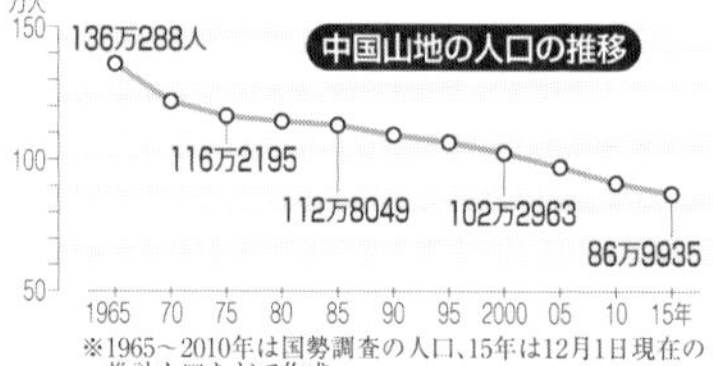

※1965〜2010年は国勢調査の人口、15年は12月1日現在の推計人口などで作成

官庁、ＮＴＴや中国電力などの民間の出先機関が相次いで統廃合されたのが一番の要因」とする。

三次市では、旧町村部が四五・〇〜六五・八％の落ち込みとなった一方で、旧三次市は二・五％減だった。市政策部は「農業が廃れ、農村部が相当厳しい状況にある。てこ入れをしたい」と説明。田園回帰の流れを追い風に旧町村部への移住促進に取り組む考えでいる。

一方で、中国自動車道千代田インターチェンジがある広島県北広島町の旧千代田町は八・五％減にとどまった。北広島町企画課は「平たん地が比較的多く、県が三カ所に整備した工業団地に工場が進出し、働き口が生まれた。高速道路で一時間の広島市に通勤、通学し、町内にとどまる人も増えた」とする。

広島県廿日市市の旧佐伯町は一六・九％のプラス。市佐伯支所は「県道の整備で沿岸の都市部へのアクセスが便利になり、住宅団地が整備されたため」とみる。八〇・二％増と伸び幅が最も高い岡山県赤磐市の旧熊山町は、大型の住宅団地ができて岡山市のベッドタウン化が進んでいるという。

島根大教育学部・作野広和教授に聞く
地域差　一層鮮明に

中国山地の人口変動をどう見るのか。島根大教育学部の作野広和教授（人文地理学）に今回のデータの読み解き方を聞いた。

＊

中国山地と一口に言っても、地域によって人口増減はかなり差があるなあというのが率直な感想だ。岩国市の旧美川町や益田市の旧匹見町など、鉱山があったところ、山間奥地の不便な地域の減り方は極端だ。

昭和四〇年代までは、炭焼きや木材搬出を主要な産業として、山深い地でも暮らせていけたが、雪崩的に基幹産業が衰退した。全体の四割が、この五〇年で人口が半分以下に減っている。人口がすべてではないが、そういうふうに減ってしまうと、住民の誇りの喪失が出てしまう。誇りの再建、持続が重要になると思う。

人口が増えたのは、赤磐市の旧熊山町や松江市の旧八雲村のようなベッドタウン。旧三次市や広島県北広島町の旧千代田町といった中山間地域の中心地も減り方が厳しくない。岡山県の奈義町など自衛隊がある地域も人口減は緩やかだ。

この五〇年は大きく三つに区分できる。一つは過疎化が激しかった一九六五〜七五年。どの市町村も減りまくった。八〇〜九五年に若干持ち直し、次の二〇〇〇年以降は多様な時代。（移住者の呼び込みに力を入れる）島根県邑南町や岡山県西粟倉村ではここ五年、減り方が緩やかになったり、横ばいになったりしている。地域づくりのあり方によって差が出てくる時代に入ったと思う。

第3部　揺らぐ交通

中国山地こそ、車社会の最たるものだ。廃止問題が浮上したJR三江線に象徴されるように、鉄路は細り続ける。高齢者はドアツードアを望み、バスさえも苦戦する。一方、車の運転が難しいお年寄りのため、住民同士で支え合う動きも出てきた。山あいの暮らしを支える交通のいまを追う。　　　　　（中国新聞掲載は2016年２月）

① 細る鉄路　募る危機感

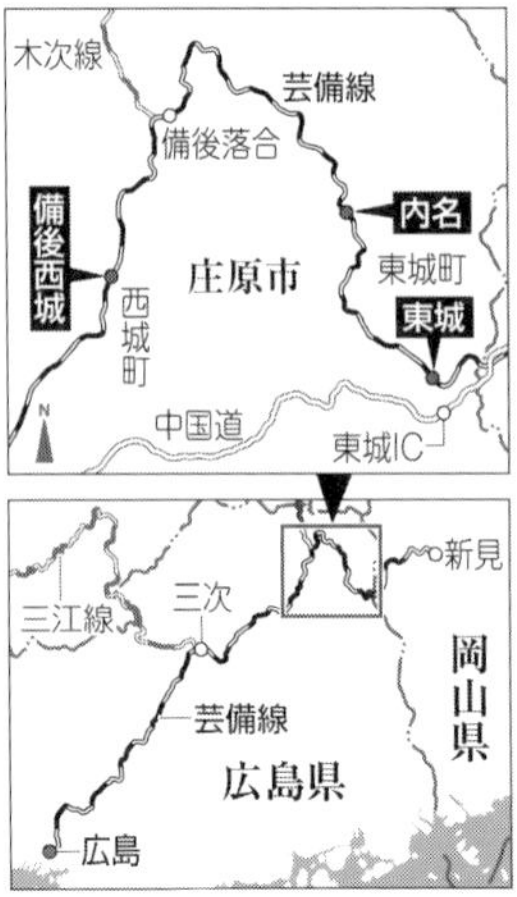

広島県庄原市東城町の東城中二年引田晶友《あゆ》さん（一四）は同校でただ一人、JR芸備線で通学する。友達に珍しがられることもしばしば。あるとき尋ねられた。「東城駅は知っとるけど、列車ってどこから乗るん？」

駅舎を抜けると列車のホームがあると説明すると、友達は「へえ、知らんかった」と驚いた顔をした。駅はバスに乗るところ——。列車に縁のない過疎地では、そんな感覚をもつ若者もいる。

広島市から広島県三次市、庄原市を経て岡山県新見市に達する芸備線（一五九・一キロ）。広島市近郊の利用が多く、一九八〇年代の国鉄改革での廃止は免れたが、高速バスやマイカーに敗れた山間部の実態は厳しい。

最も山深い備後落合—東城間は、八〇年に広島直通の急行を含めて一日一〇往復あったが、いまは三往復。過疎が進むなか、一日一キロ当たりの乗客数は二〇一四年度は八人に落ち込んだ。〇三年のJR可部線の一部廃止で存続条件とされた「八〇〇人」に遠く及ばない。

備後西城駅に住民が掲げた「乗って守ろう」の横断幕

中高生は、通学に便利なダイヤで校門近くまで運んでくれるバスに流れ、通勤する親の車への同乗も珍しくない。晶友さんの住む内名集落は道が狭く、バスが走らない。「駅から学校まで、いろんな人に出会うのも社会勉強」との両親の考えもあり、夏場は毎日、寮に入る冬場も月曜と土曜は内名駅から列車で通う。

「東城駅に着くまで、私一人のこともある。慣れたけど」。少し寂しそうな晶友さんに、父義道さん（四六）が昔話を始めた。「朝は二両でも満杯。帰りに駅で高校生のお姉さんにアイスを買ってもらったりしたなあ」。晶友さんは「想像がつかないなあ」と、遠い目をした。

ＪＲ西日本は一三年度分から芸備線の区間別のデータを公開している。赤字ローカル線は廃止もあり得ることを念頭に、地元に危機感をもってもらう意図もある。一五年一〇月には、中国山地を走る三江線の廃止検討問題が表面化。芸備線沿線にも「人ごとではない」と衝撃が走った。

東城からひと山越えた庄原市西城地区ではさっそく、住民が動き始めた。備後西城駅の改札口に一六年二月、「乗って守ろう芸備線!!」と訴える横断幕が掲げられた。一五年一二月、備後西城―備後落合間の開通八〇周年イベントで使われた幕だ。

イベントは、芸備線好きが高じて広島市からＩターンした庄原市職員今村俊洋さん（三三）、舞由美さん（二六）夫妻の発案。住民参加型で開いた。芸備線の魅力を発信するためのプロモーションビデオ（ＰＶ）を撮影し、住民や子どもたち約千人が沿線で列車に手を振ったり、横断幕を掲げたりして協力した。ＰＶはフェイスブックで公開している。

備後西城駅を含む三次―備後落合間も、一日一キロ当たり一九一人（一四年度）と乗客減が著しい。横断幕を駅に掲げた農業石井徹信さん（七一）＝西城町八鳥＝は「一過性で終わらず、カープのプロ野球観戦ツアーに芸備線を使うとか、利用につなげる知恵を絞りたい」と考えをめぐらす。

② 三セク鉄道　黒字へ腐心

「どちらからお越しですか」。鳥取県東部の谷間を走る第三セクター若桜《わかさ》鉄道の若桜谷観光号で、乗客席を回る男性がいた。機関士姿で土産品の試食を勧める山田和昭社長（五二）。まさにトップセールスである。

山田社長は東京のＩＴ企業出身。ユーザーの声を聞きながらパソコンソフトを開発してきた。鉄道ファンでもあり、若桜鉄道の公募に応じ、二〇一四年九月に社長になった。「鉄道のお客さんとも、会話を通じてニーズをつかみたい。沿線人口が減るなかでは下りエスカレーターを駆け上がるような努力が必要ですから」。

若桜鉄道は、一九八七年に乗客減を理由に廃止されたＪＲ若桜線が前身。地元の若桜、八頭両町を中心に三セクを立ち上げ、一九・二キロの運行を続ける。〇九年度に線路を両町に譲渡し、税金で線路を修繕してもらう全国初の公有民営方式を導入。一時は黒字となり注目されたが、一二年度から再び赤字に。一四年度の乗客が三四万人とピークの九九年度から半減するなか、「外部から企

若桜谷観光号に乗り込み、乗客から生の声を聞く山田社長

画力のある人を招くしかない」と社長を公募した。

一七人の社員は一人二役、三役をこなし、コスト削減もすでに限界。「金をかけずにできることを」と始めたのが若桜谷観光号だ。土日・祝日の列車に車窓案内のガイドを乗せ、団体などで満席になる日も出てきた。一五年春はSL走行の実験にトライ。一万三千人が見物に訪れ「谷が明るくなった」と沿線住民を喜ばせた。

SLの本格運行に期待が膨らむが、山田社長は「膨大な資金がかかり、まだ夢の段階。いまは地道な工夫を重ねる時期」と冷静だ。力を注ぐのは高校生の利用促進。沿線の中学や高校を回っては生徒や親に「若鉄は高校生で成り立っている。皆さんの利用がお年寄りの交通手段を守ることにもつながる」と呼びかける。

一六年度からは線路だけでなく、四両の車両も両町の所有とし、黒字化を図る。「ほとんど最後の切り札」と若桜鉄道運行対策室長を務める八頭町の川西美恵子企画課長。山田社長は「支えがあるあいだになんとか体質改善を」と危機感を抱く。

旧国鉄が見放した赤字路線を引き継いだものの、運営に四苦八苦する三セクは各地にある。旧岩日《がんにち》線（三二・七キロ）を継承した山口県岩国市の錦川鉄道は多角経営に活路を見いだそうとしている。

国名勝・錦帯橋の料金所やロープウェイなど、沿線の観光関連施設の運営を担う。一四年度は、鉄道外の収入が一億七九〇〇万円と全収入の七割を占めた一方、鉄道収入は七六〇〇万円。発足翌年の八八年度の四割にとどまった。八一〇〇万円の赤字は市が穴埋めした。

とはいえ、鉄道の可能性を見切ったわけではない。三日間のセツブンソウ観賞のツアー列車には計二一三人が集まった。遠くは福岡県から訪れた人もいた。

「地域資源を生かし客を呼び込む余地はまだある。錦帯橋止まりの観光客をいかに引き込めるかが勝負」と磯山英明社長（六三）。地域の鉄路を残すため、知恵を絞る日々が続く。

③ 鉄道の代替バス　苦境

「JR可部線のように廃止が決まってから運動したのでは遅い。ご理解いただきたい」。広島県安芸太田町安野地区であった「公共交通を考える会」で町の担当者が住民に呼びかけた。同町と広島市を結ぶ広島電鉄の路線バス「三段峡線」の利用者を増やそうと、競合する町営バス便の縮小を提案したのだ。

広電のバスは、二〇〇三年に廃止されたJR可部線可部—三段峡のルートとほぼ重なる。鉄道に代わる動脈として地域の期待を背負い、当初は利用客も増加。広島市内だけの利用者なども含め、乗客は〇八年度には年三六万人と鉄道廃止前より二七%増えたが、一四年度は二八万人と廃止前の水準に逆戻りした。沿線の人口減の影響もあるが、広電は「鉄道からの移行が思ったほどなかった」と首をかしげる。

一因は通学生の減少。町内の加計高には鉄道廃止前、広島市北部を中心に約七〇人が列車で通ったが、いま広電バスでの通学は四六人。定期代は

旧可部線の鉄橋（上）が残る安芸太田町内を走る広島電鉄のバス

ＪＲの二倍を超え、保護者の重荷だ。

高校進学を機に広島市に転居する住民もいる。同町坪野で生まれ育った高校三年川江純子さん（一八）もその一人。中区の高校に進んだ三年前、西区に部屋を借り母とともに引っ越した。

実家から市中心部までの所要時間は、旧可部線も広電バスも約一時間半だが、バスは渋滞で遅刻する恐れがある。父一之さん（五七）は「鉄道なら通えた。可部線廃止のときは、バスが残れば大丈夫と思っていたが……」と見込み違いを嘆く。

高齢化で住民ニーズも変わる。自宅近くにバス停がある同町上殿の主婦吉村節子さん（八二）は膝を痛め、一年前からバスを使わなくなった。「降りるさいの段差が怖い」。有給休暇を取った息子に安佐市民病院（広島市安佐北区）に送ってもらう。

近くの安芸太田病院に通うのも、上殿地区のＮＰＯ法人が昨春始めた軽乗用車の有料送迎サービスが頼りだ。足腰の弱った高齢者に人気があり、四〇人の利用枠がすでにいっぱいという。

高齢者の望むドアツードア輸送を充実させればさせるほど、地域交通の幹線であるバスの利用客が減るジレンマもある。広電バスの赤字は年々増え、国、広島県、広島市、同町の四者は一四年度、一億二千万円を穴埋めした。それ以外に年間数千万円を自社で補塡《ほてん》しているとする広電は「どうすれば路線を維持できるか、町と一緒に考えたい」と話す。

平日の深夜一〇時。同町を走るがらがらの最終バスに高校生の姿があった。「安芸太田の子が広島市内の塾に通えるのも、夜遅くまでバスがあるから」。町地域づくり課の栗栖一正課長は、広電バスを町に不可欠な路線と位置づける。

可部線は、ＪＲが一九九八年に一部廃止方針を唐突に表明。地元で存続運動が盛り上がったが、五年後に廃止された。「可部線のときは『まさか』と油断し、嫌というほど後悔した。二の舞いだけは避けたい」。逆風にさらされるバスの利用者をなんとか増やし、存続させなければと思っている。

④ タクシー助成　好循環

急斜面の曲がりくねった道をタクシーが駆ける。山の中腹まで集落が点在する岡山県美咲町。お年寄りが割安料金で乗れる「黄福《こうふく》タクシー」制度を町が二〇一四年度に始め、タクシーの稼働がめっきり増えた。

町中心部から約二〇キロの集落に暮らす村上千代子さん（八八）は診療所通いに愛用。洋服店を訪れるのも楽しみになった。以前は押し車をつえ代わりに、三五分かけて町営の福祉バス（無料）の停留所に出ていた。「タクシーなら家まで来てくれる。外出が増えた分、年金が残らなくなり、息子に叱られます」とほほ笑む。

「福祉バスの利用が激減している」。町情報交通課の光嶋《こうしま》寛昌課長代理（五二）が異変に気づいたのは一一年度。高齢者が数百メートル先のバス停まで出られなくなっているのが原因だった。

相乗り方式で、戸口まで迎えに行くデマンド交通の導入を検討したが、試走の段階で「難しい」と判断。起伏の激しい山あいを何軒も回ると、最初に乗った人は四〇分近く揺られるはめになる。

美咲町の山あいの集落を走るタクシー

年金生活者の懐事情も考え、「タクシー助成しかない」と腹を決めた。

七五歳以上が対象で、町内の利用なら町が半額を負担し、自己負担は最大でも千円。町外に出た場合も一万円までは半額になる。一日平均の利用者は八一人。今後は運転免許のない高齢者が減っていくため、町負担は一五年度の約三千万円より大きくは増えない見込みだ。

予想に反し、福祉バスより低コストでもあった。利用者一人当たりの町負担は、福祉バスが年約一〇万円に対し、黄福タクシーは約二万円。光嶋さんは「人や車両を用意して利用の少ないバスを走らせるより、既存のタクシーを活用した方が効率的だった」と驚く。

町内の二つのタクシー会社は息を吹き返した。「以前は利用ゼロの日もあり、廃業も考えていた」と西川タクシーの河本龍社長（六四）。いまは午前中に三台が出払う日もあり、売り上げはほぼ倍増した。

光嶋さんは最近、興味深い話を聞いた。黄福タクシーの利用者が「家でアイスクリームが食べられる」と喜んでいたという。バスだと降りて家まで歩くあいだにアイスが溶けるため、買い控えていたのだ。「多くの高齢者がそんな当たり前の生活をできるようにしなければ」。町は利用対象を六五歳以上に広げることも視野に入れる。福祉バスは大半がお役御免になる見込みだ。

一方、美咲町に隣り合う久米南町《くめなん》では、二社あったタクシー会社が一三年までに相次いで廃業した。無料の町民バスとの競合も一因だった。町が町外の業者にタクシー復活をもちかけても、「補助金がないと難しい」などと尻込みされた。

結局、町は一六年春から、町内を五区域に分けてデマンド交通を走らせる。幸い、請け負った岡山市北区のバス会社・エスアールティーは、デマンド車両の空き時間にタクシーとしても営業する構想を温めている。

ただ「タクシーの需要は未知数。土日の営業も決めかねている」と同社。高齢化した山里に適した交通体系づくりへ、模索が続く。

⑤ 地域の「マイカー」快走

雪景色が残る広島県三次市作木町の山あい。七人乗り乗用車「さくぎニコニコ便」が三人の高齢者を乗せ、ひと山越えた同市布野町の診療所に向かった。「この車で医者に行けるようになったけえ、めまいが治った」。常連客の中原秀子さん（九二）が笑みを浮かべる。

作木町の住民でつくるNPO法人・元気むらさくぎが二〇一一年に始めたサービス。町内の三地区を予約制でそれぞれ週一回走り、利用者の自宅と診療所、JR三江線の駅などを一回三〇〇円で結ぶ。〇六年の道路運送法改正で可能になった、自家用車を使って有料で人を運ぶ「自家用有償旅客運送」の制度を使う。

同制度は、高齢化した集落で家族や近所に頼れる人がいない交通弱者を運ぶ手段として注目され、中国地方五県での登録は二一一件（一五年三月）に上る。ただ、ネックもある。競合するバスやタクシー会社などの意見に配慮する必要があり、希望より狭いエリアでしか運行できないケースもあるからだ。

通院のため、地域共有の「マイカー」に乗り込んだ三次市青河地区のお年寄り

ニコニコ便も、スーパーや大きな病院のある市中心部までは運行できない。延べ利用者が年間三〇〇人台にとどまる一因だ。NPOの田村真司専務理事（六五）は「やむなく高額なタクシーを呼ぶ人もいる。要望に応えきれないもどかしさがある」と悩む。

　どうすればニーズに応じられるのか。市中心部から八キロ離れた青河《あおが》自治振興会（一八〇世帯）は、地域共有の「マイカー」で支え合う独自の取り組みを進める。

　全世帯から通常の会費とは別に年四五〇〇円を集め、借りた車一台の使用権をみんなで共有。リース代や燃料代など年約八〇万円の経費を賄い、ボランティアが運転する。利用するさいは無料。週三日、市中心部の病院やスーパーなどを三往復する。年間の利用者は延べ約二千人。この車で手紙の投函《とうかん》や近所への届け物など、頼まれごとも担う。

　一一年のスタートまで準備に二年かかった。振興会の岩崎積会長（六五）は広島運輸支局に何十回と通い、運行エリアを自由に設定できない自家用有償旅客運送以外の手法を探った。法律を盾に「運送だけじゃ、どうしても……」と渋る担当官。その一言をヒントに人を運ぶ以外の支援もすればよい、と着想。届け物や買い物代行もする「暮らしサポート」の一環で人も運ぶ、いまのやり方に行き着いた。

　特徴は、車に乗れる世帯も費用負担する仕組み。それでも不満はないという。農業石田佳都美さん（五四）は「お年寄りは喜んでいるし、私もいつ、けがして世話になるかもしれん」。将来への保険との考え方だ。

　全国の自治体や議会などが視察に来る。話を聞き「うちで可能だろうか」といぶかる人に岩崎さんは「正解はない」と説く。「与えられたメニューから選ぶと不満が出る。本当に自分たちが欲しいものは、自分たちで見つけていくしかない」。岩崎さんは実感を込める。

ＪＲ西日本社長インタビュー

三江線廃止検討の背景
大量輸送果たせていない

ＪＲ西日本の真鍋精志社長は中国新聞のインタビューに応じ、広島県三次市と島根県江津市を結ぶＪＲ三江線《さんこう》（一〇八・一キロ）の廃止検討問題の背景や今後の見通しを語った。中国地方の他のローカル線についても、山間部の路線を中心に、一〇〜二〇年かけて地元と将来像を議論したいとの考えを示した。

――三江線とどう向き合ってこられましたか。

二〇年前、広島支社次長のときからの課題だった。運転士の横に乗ったこともある。急なカーブがあり、「こんなにゆっくりとしか走れないのか」という思いを強くした。（二〇一二年の）バスによる増便実験の前には、江津から石見川本（島根県）までの間のバス停などを見て回った。駅がある町の様子が線路ができた当時から変わり、大量輸送という鉄道の機能を果たせていないと実感した。

――災害の恐れも課題に挙げられています。

激甚化する自然災害の影響を最も受けている路線だ。いつ橋が流され、落石で止まるかもわからない。鉄道機能の維持のため再投資する価値があるかも問われていると思う。

――それでバスへの転換を検討されたのですか。

単に撤退してバスにするというのではない。地域の将来によりよい、かゆいところに手が届くような交通手段を考えるべきだと思う。地元のまちづくりのビジョンとセットで、定住や観光客の増加につながらなければならない。

――ＪＲ西は「地域共生企業」を打ち出しています。

地域が目指す特色づくりを手伝えるかもしれない。たとえば観光。神楽を活用したいという声があれば、協力できるものはする。

――今後のスケジュールは。

地元の六市町と一六年三月末までに、「今後はこんな話をしていこう」というところまでもっていければと思う。新年度は地域の人に何かを作り出そうという前向きな気持ちになってもらえれば。きっかけになるものがいくつか出ればそれを深めることになるだろう。

「今後のまちづくりのなかで鉄道が本当に必要とされるのか、見極めたい」と強調する真鍋社長

他のローカル線の将来
数年内の廃止「考えない」

——中国地方の路線は山間部を中心に国鉄改革の基準なら廃止を免れないレベルまで利用が減っています。現状をどうみますか。

どこも三江線と同様の問題を抱えている。人口減を上回る勢いで乗客が減った線区もある。利用増の取り組みができるかどうか、地元と一緒に一〇年、二〇年かけて考えなければいけない課題だ。われわれは赤字という経営的な側面より、鉄道が本当に地域にプラスになっているかという点に関心をもっている。

——三江線以外のローカル線は今後、何を基準に存廃を判断するのですか。

乗客数という従来の物差しだけでなく、沿線自治体が人口減のなかでどんなまちづくりを目指すのか、そのなかで鉄道が必要な交通機関として位置づけられるかが鍵だ。当社が基金をつくり、地域にデマンド方式のバスを運営してもらう方が便利になる場合もあるだろう。そういう議論をしないと、まちも鉄道も細る。

——長距離路線のうち、とくに乗客の少ない区間だけを選んで廃止する可能性は。

鉄道はネットワーク。路線の真ん中だけを廃止するのは難しい。ここ数年のうちに、数字だけを基準に細切れで廃止する考えはもっていない。ただ、長いスパンで考えたら言わざるを得なくなる。かりに三江線を廃止したとして、代替のバス輸送がうまくいったかの検証期間も必要。便利になったと言われるようなら、他の線区でも提案できる。

――国や自治体に線路の補修費などを負担してもらう第三セクター鉄道では可能な仕組みを、JRの赤字線区にも拡大するよう働きかける考えはありませんか。

国に頼る発想は「つなぎ」にしかならない。延命措置より、エリアにとっていまより便利な交通モードを模索した方がいいのではないか。

一〇路線七五七キロ
乗客数一〇〇〇人割る
一日一キロ当たり　中国地方のローカル線

中国地方のJRのローカル線は、マイカー普及や少子化などでJR発足時より利用が激減している。二〇一四年度は、一〇路線（二六区間）の計七五七キロで一日一キロ当たり乗客数が千人未満だった。一九八〇年代の国鉄改革で廃止基準の一つだった「二千人」の半分に満たない。

このうち、五〇〇人未満だったのは、三江線や木次線の全線や、芸備線や山陰線の一部など九路線（一三区間）の計六二六・一キロ。芸備線備後落合―東城間は全国最少の八人だった。

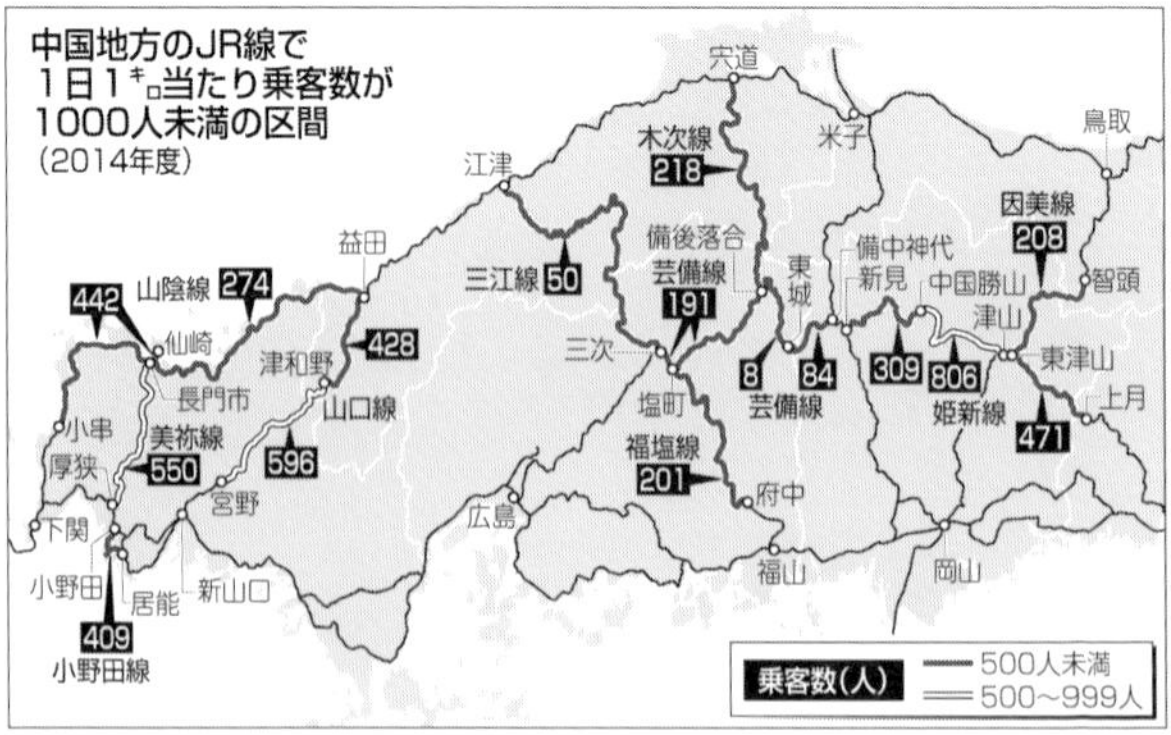

中国地方のJR線で
1日1㌔当たり乗客数が
1000人未満の区間
(2014年度)

〇三年の可部線可部―三段峡間廃止のさい、JR西日本は同線が「行き止まり線」であることを廃止の一因に挙げた。だが一五年、三江線で廃止検討が浮上し、行き止まり線でない路線も廃止対象になり得ることを示した。路線の撤退は、〇〇年の鉄道事業法改正で届け出制となり、事実上自由化されている。

第4部　農の行く先

中国山地の基幹産業である農業は、農家の減少と高齢化で転換点にさしかかっている。国は「強い農業」を目指し大規模化を促すが、農地が狭い中国山地では規模拡大には限界もあり、環太平洋連携協定（TPP）や鳥獣害も暗い影を落とす。一方で、企業参入や六次産業化で活路を見いだす動きも各地に芽生える。農の現場を歩く。

（中国新聞掲載は2016年3月）

① 集落法人　後継者いない

「集落法人をつくったが、年寄りばかりで若いもんがおらん。集落を維持するためだけの組織になってしもうとる」。山々の谷間に小さな田んぼが並ぶ広島県三次市布野町の横谷地区。地元農家による集落法人「本谷」の代表理事小林正一さん（七三）は自嘲気味に語り始めた。

設立は二〇〇八年。県が当時、集落ごとに農地をまとめて経営する法人化を促していた。効率化を狙ってのことだ。農地が乏しく、零細農家が多い中国山地特有の横谷地区も「みな年を取り、田を維持できなくなる」と流れに乗った。

法人は四五戸から計三〇ヘクタールの農地を借り受け、一体的に経営。農作業は地元農家の有志に担ってもらい時給を払う。トラクターなどの大型機械も法人が所有。各農家でそろえなくてすみ、地代も入る。年金をつぎ込んで田を維持してきた農家は「楽になった」と喜んだ。

一五年はコメの販売で一八〇〇万円の収入があったが、米価の低迷は続く。中山間地域を対象にした国や自治体の交付金などをもらい、なんとか

広島、島根県境にある横谷地区。小さな田が多く後継者難にあえぐ

黒字を保つ。

農作業を主に担う一〇人は年金暮らしの七〇歳前後ばかり。二年前に四〇代の男性を常勤職員として雇用したが、年間一二〇万円の市の補助金がもうすぐ切れる。男性は時給制に切り替わる予定だ。「法人化しても一人を常勤で雇えるほどの収入がない。後継者の問題はなかなか解決がつかん」。

小規模農家が多い中山間地域の切り札として期待された集落法人。広島県は全国に先駆け、一五年前から設立を促してきたが、県就農支援課の石田良二課長は「農地集約は一定に進んだが、うまくいかなかった面もある」と語る。

二六三法人ができ、県内の水田の一五％に当たる計六二六五ヘクタールの農地が集積された。コストを減らし、農地も維持できた。一方で「広い農地をもつ法人ができれば、若者が戻り、野菜や果樹栽培に転換して自立的な農業をしてくれる」との期待は外れた。石田課長は「高齢化が進み、後継者がいない法人も多い。大半が困った状態だ」と明かす。

後継者難の小林さんたちの法人にとり、三次市中心部に暮らす長男（四〇）やその同世代が農繁期の作業に帰ってくれるのが明るい材料だ。半面、定年後のUターンを期待した出身者が戻らないことが続いてもいる。

少しでも収益を増やそうと、利益率が高いアスパラガス栽培にも取り組んできたが、ことしは一ヘクタールの耕作面積を半分にする。年老いた身には毎日の収穫作業が負担だからだ。「危機感はあるんじゃが、どうしようもないこともあってのどがあになることか」。小林さんは集落の農業の行く先が見定められずにいる。

〈集落法人〉
集落の小さな農地を一手に借り受け、大規模経営で効率的な農業を目指す。広島県独自の呼び方で、他県では集落営農法人などと呼ばれる。農水省によると一五年二月現在、全国に三六二二法人があり、中国地方五県は広島二四五▽山口一九九▽岡山五四▽島根一八〇▽鳥取六五。広島は全国で三番目に多い。

《特集》

農の行く先　間近に迫る「大離農時代」

半世紀にわたる過疎で農家は減り、高齢化は進む。耕作放棄地が増え、鳥獣害にも悩まされる。中国山地の農業はいま、厳しい現実のなかであえいでいる。農山村を支えてきたのは高齢の農家だ。その大量離農の時代が、すぐそこに迫る。農業を次代に引き継ぐ取り組みが求められている。

＊

農林水産省が二〇一五年に実施した調査「農林業センサス」の速報値によると、中国地方五県の農家数は一五年二月一日現在で二一万五八五六戸。この半世紀で約四割に減った。中国山地を中心とする山あいの集落で農家の高齢化も進み、耕作放棄地が広がり続ける。

一九六五年に五九万一五〇二戸だった五県の農家数は二一万五八五六戸となり、この五〇年で三七万五六四六戸（六三・五％）減った。県別では、山口が一一万二四六一戸から三万五五四三戸に落ち込み、減少率は六八・四％。他の四県でも五二・六～六五・四％減った。

五年ごとの落ち込み幅をみると、一〇～一五年は山口一七・七％▽岡山一五・二％▽島根一四・九％▽広島一四・六％▽鳥取一二・九％。広島を除く四県でこれまでで最大となり、農地を守り継いできた農家の老いが深まり、急速に離農が進む。

さらに深刻なのは農家の年齢構成。販売農家（耕作面積が三〇アール以上か農産物販売額が年五〇万円以上）の就業人口を年代別で分析すると、いびつな姿が浮かぶ。

六五～六九歳が三万六四五人（全体の一八・五％）、七〇～七四歳が二万九三九六人（同一七・八％）などと、六五歳以上が全体の七六・二％を占める。高齢農家が大量にリタイアし、農家数がさらに激減する時代は迫っている。

耕作放棄地も増え続ける。一五年の総面積は五県で計四万二七九三ヘクタール。統計を取り始めた七五年より二万七〇一〇ヘクタール増え、四〇年間で二・七倍となった。

　国や自治体は農業の大規模化に力を入れる。集落の農地をまとめて経営する農事組合法人など、

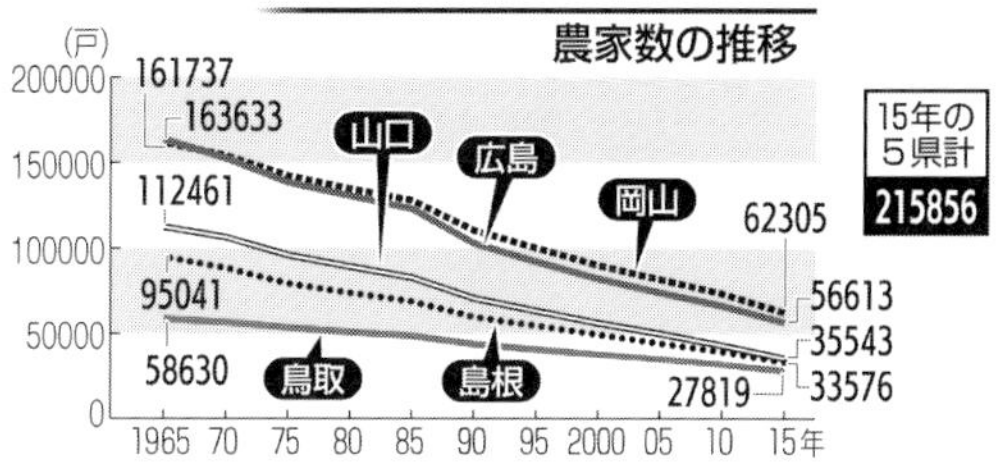

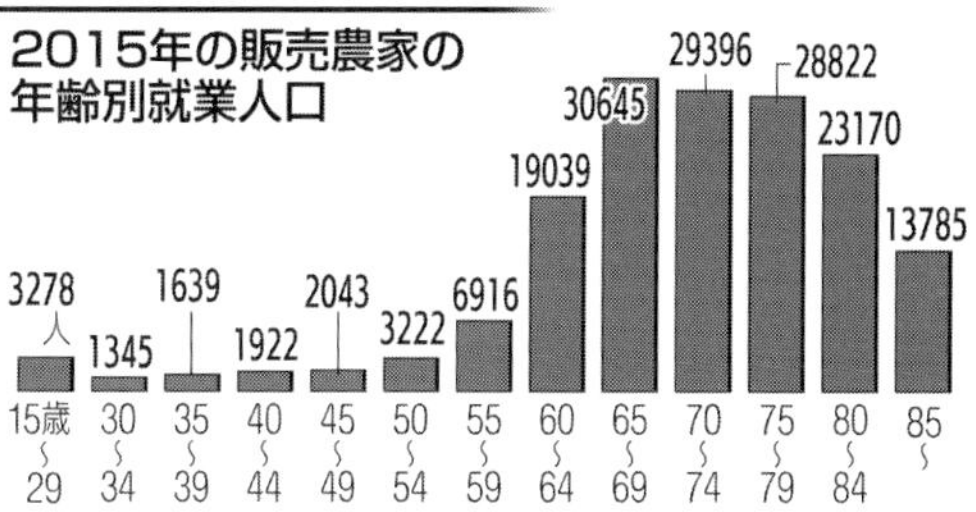

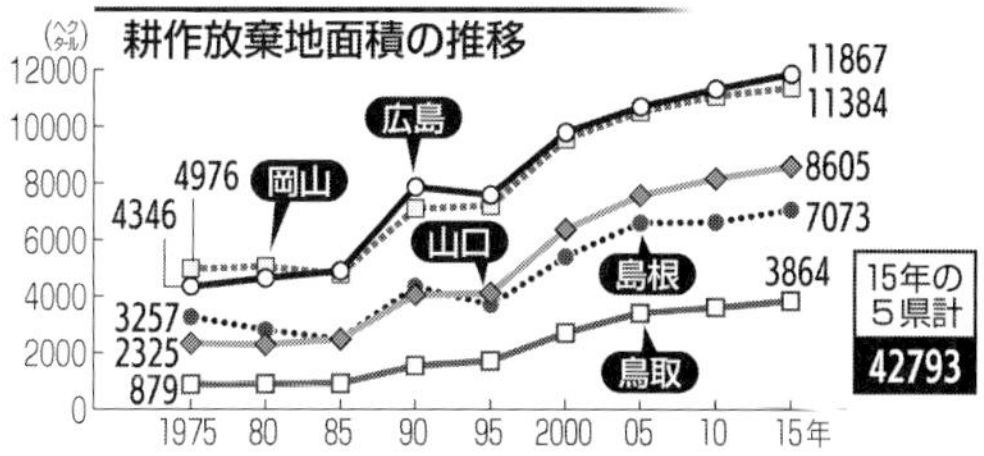

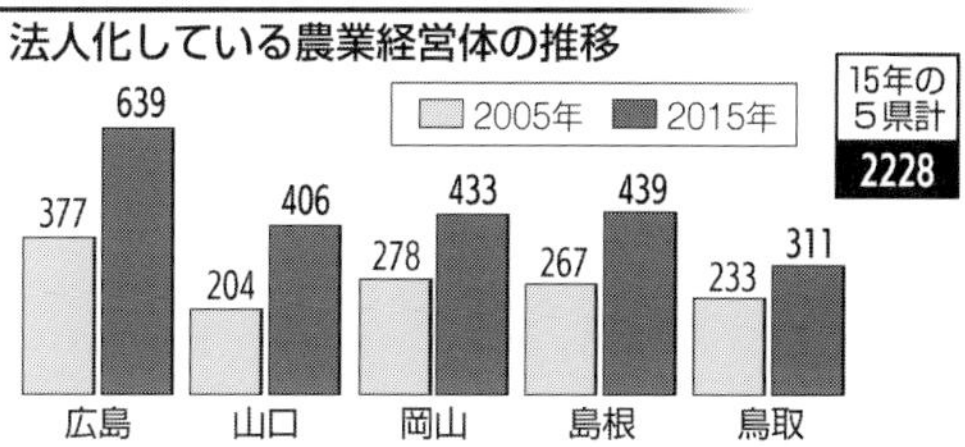

法人化した農業経営体は計二二二八団体に増え、一〇年前の一・六倍になった。県別では広島が二六二増え、六三九で最多。増加率は、二倍になった山口が最も高かった。
　山間部などの人口減で農業が衰退するなか、国

は大規模農家の支援に軸足を移す「攻めの農業」を推進する。環太平洋連携協定（TPP）の発効を見据え、各都道府県に設置した農地中間管理機構に農地を集約。大規模な法人や農家に貸し出し、効率的な農業で利益を上げる――ともくろむ。

　国は、七一年から本格的に始めたコメの生産調整（減反）を一八年産米から廃止。コメ余りのなかで米価を維持する狙いで、減反に協力した農家に補助金を交付して保護してきたが、四〇年以上続いた補助金がなくなる。生産効率を高め、輸入農産物に対する競争力を高めたいとの考えだ。

　中国地方五県も国の動きに連動。農地維持と規模拡大の両面を担う農事組合法人などの経営体の支援に力を注ぐ。各県とも、収益性の高い野菜や果樹の産地づくりやブランド化も進める方針でいる。

　広島は名物のお好み焼きの材料になるキャベツの生産に力を入れる。山口はミカンやユリの栽培を支援し、岡山は特産である桃やブドウの生産団地化を計画。島根と鳥取は、ミニトマトや白ネギなどの栽培規模拡大を促し、経営の多角化を後押しする。

大規模法人も経営守勢

　春めいた朝、広島県三次市三良坂町田利、株式会社「ライスファーム藤原」の社員たち六人が田んぼの水路掃除に追われていた。「国は『攻めの農業を』と言うが、僕らは『守りの農業』。農地を守らにゃあいけん」。田植えに向けて泥をかき出す作業を終えた藤原博已社長（五一）が汗を拭った。

田んぼ脇の水路の泥をかき出す藤原さん（左端）と社員たち。中山間地域では水路の管理やのり面の草刈りが重荷となる

同社はコメを中心に三次、庄原両市で計七〇ヘクタールを耕す大規模経営体。年老いて農作業ができなくなったり、後継者がいなかったりする農家から預かる田んぼが大半で、農地は年々増える。ただ車で二〇分かかる田もあり、規模拡大のメリットがあるとは限らない。一面に田が広がる「コメどころ」とは違い、のり面の草刈りやため池から引く水路の管理に手間がかかる。

二〇歳のとき、兼業農家の父耕治さん（七七）のあとを継いで農業を始め、八年前に同社を設立。二〇〜四〇代の社員四人を抱える。米価は二〇歳のときと比べて半値だ。経営は楽ではない。

病院や学校など広島県内の七事業所への直接販売で利益を確保。仕事が少ない冬はシイタケ栽培用の原木の伐採や除雪作業を手伝い、雇用を保つ。八万トンの外米の輸入枠が設定されたTPPも心配の種だ。「安い外米にお客が流れる恐れはある。消費者が求めるものを作らないといけない」。

高齢化で耕作できなくなる農地は今後も増える。「うちもいくらでも農地を受けられるわけではない。大きな法人だけで農地は守れない」。各地域で農地を引き受ける担い手が育つよう、国や自治体の下支えも訴える。

直営農地　拡大に限界

山口市の最北部、阿東嘉年《かね》地区。阿武川沿いに区画整理された田んぼが続くが、山ぎわに歩を進めると小さな農地が目立ち始める。「大型機械が乗り入れにくい。今後、コメ作りは難しいかもしれん」。地元の農事組合法人「嘉年ハイランド」の佐々木慶市代表理事（六八）はあぜ道でため息

トラクターなどの乗り入れが難しい山ぎわの農地で、今後の法人経営に思いを巡らせる佐々木さん

を漏らした。

高齢化する地域の農地を守ろうと二〇〇七年に発足。約一五〇人から農地を預かり、約二五〇ヘクタールを管理する県内最大の法人だ。大型機械を持ち、コメの直接販売も手がける。大規模農場として黒字を保つ。

預ける住民の多くは法人から労賃をもらい、コメや野菜を栽培する。一方で、高齢の持ち主が作業できないような農地は、法人の役員が耕す。こうした法人直営の農地はいま、当初の二ヘクタールから三五ヘクタールに広がっている。

各農地の借入期間は一〇年。大半の農地が一七、一八年度に契約期限を迎えるが、山ぎわにあるなど耕作条件が悪く、将来的に法人の直営になりそうな農地は契約を更新しない方針だ。「農作業を担う法人の役員も年老いてきた。これ以上直営の農地を広げていくのは難しい」。佐々木さんは苦渋の決断の理由を明かす。

コメの品質を高め収益を増やそうと、色の悪いコメや異物を選別する大型精米施設を二千万円で導入。四〇代の男性を常勤職員として新たに雇う。「法人の浮沈は地域の将来に響く。収益を上げ、地域の担い手の確保につなげたい」。

広島大大学院の細野賢治准教授に聞く
商品作物へ転換　いまが好機

小さな農地が多く、大規模化には限界もある中国山地の農業はどうなっていくのか。広島県で中山間地域の農業を研究する広島大大学院の細野賢治准教授（農業経済学）に聞いた。

――中国山地の農業の現状をどうみていますか。

（集落の農地をまとめて経営する）集落法人に注目している。一ヘクタールにも満たない水田で農業をする個人農家と違い、コストを削減でき、生産量も大きくなり販売力も強まる。集落に立脚して信頼性もあり、農家も安心して農地を預けられる。法人なので雇用もでき、非農家の人が農業に携わるきっかけになる。

経済のグローバル化の一方で、地に足を着けた仕事として農業に注目する若者もいる。そういう人を引き寄せる仕組みがほしい。

――集落法人は増えましたが、米価が低迷し、収益の確保に苦労しています。

商品作物への転換が大事。広島県の地場スーパーは県内産の野菜をアピールしたい気持ちが強く、県産の需要が高まっている。二〇％台にとどまる県内の野菜自給率は上げていける。いまがチャンスだ。

――耕作放棄地の対策は。

条件の悪い農地の一部が山に返るのは避けられないだろう。ただ、耕作放棄地はイノシシのすみかになり、鳥獣害を生む。虫も大量に集まり、別の農地を荒らす。計画的に山に返す方法を考えるべきだ。

――中国山地の農業の将来の姿は。

水田を中心にした少量多品目の産地であることは変わらないだろう。組織経営体と家族経営の小規模農家が共存する、重層的な体制を維持していくべきだ。生産者と消費者の距離が近い、中国山地の良さを生かした持続的な農業を目指してほしい。

② 過疎集落　止まらぬ獣害

中国自動車道高田インターチェンジ（IC）に近い広島県安芸高田市高宮町原田の簾《すだれ》集落に入ると、異様な光景が目に飛び込んでくる。田んぼの周りに張りめぐらされた高さ二メートルの金網だ。出入口はつっかい棒で閉じられ、田んぼは完全に封鎖されている。

「金網で囲う前はイノシシとシカの被害がすごかった。九割方は防げるようになり、みんな喜んでくれとるよ」と、発案者の本多一雄さん（六七）。収穫寸前だった三〇アールの水田の稲穂をイノシシに食べられ、稲も倒されて収穫がなくなった苦い出来事がそうさせた。

獣害を防ごうと、集落の全農家一七戸は約一五年前、周辺の山から集落に出てこないように山際に高さ一メートルの金網を張った。だが、金網を張れない道路から入ってくるため、被害は続いた。次は田を電気柵で囲ったが、うまく作動しないこともあり管理の手間も負担だった。六年前、本多さんが考えた金網作戦を試みた。

シカが跳び越えないように金網の高さは二メー

高さ2メートルの金網で囲った簾集落の田んぼを見て回る本多さん（右）

トル。国などの補助金ももらい、五〇〇〇万円をかけて金網四千枚を購入。住民が手弁当で約八キロにわたり金網をあぜに埋め込み、集落にある約二〇ヘクタールの水田を完全に囲った。ときおり、シカが金網を跳び越えたり、イノシシが土を掘ったりして入ってくるが、被害はほぼ出なくなった。

二〇一四年度、中国地方の鳥獣による農作物被害は約一四億円。農家が自衛策を強め、過去一〇年で最悪だった一〇年度の約二二億円の六割に減ったが、高止まりが続く。「猟師が減りイノシシやシカは増える。過疎で集落が衰退してバランスが崩れ、もはや集落だけでは防げない」。島根県中山間地域研究センターの澤田誠吾主任研究員は指摘する。

簾集落の隣の中原集落を歩いた。金網が立つ水田のあぜに動物の足跡が残る。向かいの上田弘明さん（六八）は「シカの足跡。今朝のものよ」。田畑だけでなく庭の草花や野菜も荒らされるため、家も金網で囲う。

中原集落は、戦後に開墾した入植地。かつて一七戸が暮らしたがいまは八戸。一四人の住民全員が六〇歳を超す。夜、集落の道をシカがわが物顔で歩く。「シカの方が人間より多い。わしらがおりの中に暮らしているようなものよ」と苦笑した。

住民が減り、シカやイノシシが存在感を増す山あいの農山村。本多さんは年に一、二回、自分の田んぼの周りの耕作放棄地でシカに遭遇する。一五年夏の夜、軽トラックでシカと衝突した。車の前部がへこんだが、シカはそのまま走り去った。「人間を見ても恐れんし車が来ても逃げんようになった。やれんよね」。鳥獣害が山あいの農地の荒廃をさらに加速させる、と懸念している。

③ 迫るＴＰＰ　畜産家懸念

栽培した牧草を餌箱に入れると、子牛が勢いよく食べ始めた。広島県神石《じんせき》高原町で「小川牧場」を営む小川亀尚さん（六八）だ。「栄養たっぷり。多くの人に選んでもらえるよう、しっかり大きゅうせんと」。二〇一八年春と見込まれる環太平洋連携協定（ＴＰＰ）発効を見据え、不安を振り払うようにつぶやいた。

育てるのは和牛ブランド「神石《じんせき》牛」。牛舎三棟で一〇一頭を飼い、年六五頭前後を県内の食肉加工会社に出荷する。「病気をさせないことが一番」と日常の観察を徹底。農家から稲わらを安く仕入れて飼料代を抑えるなど経営努力を続ける。

米国産やオーストラリア産の牛肉の関税を引き下げるＴＰＰ。広島県は、県内の牛肉生産額が年六七億円から五億一千万円減ると試算するが、神石牛などの黒毛和牛への影響は小さいとみる。高い肉質を求める消費者は安い外国産には流れにくいのが根拠という。

だが、小川さんの見立ては違う。「神石牛は神戸牛などの全国ブランドと違うて、一般家庭の食

栽培した牧草を子牛に与える小川さん。TPPに不安を抱く

卓にも並ぶ身近な牛肉。安い外国産に目移りするかもしれん」と心配する。

近年続く子牛の価格の高騰も悩みの種だ。農家の減少で市場への出荷量が激減し、小川さんが買い求める去勢牛の平均価格は五年前の一・九倍に上る。県外の業者がＴＰＰ発効前に質のいい牛を確保しようと走り、買いたい子牛が手に入らないことも多い。

それでも同居する団体職員の長男（四一）は後を継ぐと言う。広島県三次市であった競りでは幸いにも、平均価格より安い価格で七頭を購入できた。採算面などから、目標の飼育数は現在の一〇〇頭以上だ。「なんとかいまの規模を守りたい」。

ＴＰＰで影響を受けるのはブランド牛だけではない。むしろ低価格を売りにする肉用乳牛に影響は大きい。「徐々に輸入肉が増え販売価格が下がる恐れがある。業界全体にボディーブローのように効いてくるはず」。約四三〇頭の肉用乳牛を育てる美祢市の秋吉台肉牛ファームの松林義博社長（三九）は危機感を抱く。

それを振り払う戦略は「地域密着」だ。独自開発した餌で育てる牛肉を、防府市内に構える自前の店で販売。肉質の良さが認められ固定客も多い。一四年度の店の売り上げは九八〇〇万円。この一〇年で倍増した。

「地元相手の商売にこだわり、いい肉を作り続ければ必ず買ってもらえる。そのための努力は惜しまない」と松林社長。地元にファンを増やす努力を続け、グローバル化を進めるＴＰＰに抗していく。

〈ＴＰＰ発効後の輸入牛肉の関税〉

関税率は現在の三八・五％から二七・五％に引き下げ。その後も段階的に削減し、一六年目には九％に。輸入急増時の畜産農家への影響を避けるため、関税率を戻す緊急輸入制限（セーフガード）を設定。一六年目以降、四年間発動されなければ廃止する。

④ 産地一体の取り組み　鍵

　ピオーネの産地として知られる岡山県新見市豊永地区のビニールハウスで、ベテラン農家の武岡昭義さん（七四）が新芽を見つめる。「ことしもブドウ作りのシーズンが始まった。毎年初めて作るという気持ちで臨んどる」。栽培を始めて三〇年。市全体で年間販売額が一〇億円になった産地を支える。

　地区にはかつて葉タバコ畑が広がっていた。ピオーネに転作したのは一九八六年。連作障害の懸念に加え、日本専売公社の民営化で買い取り価格が下落するとの危機感があり、一三人が転作に踏み切った。「失敗したら地元におられんぐらいの気持ちだった」。

ピオーネの新芽を確認する武岡さん。30年かけ、産地として根づいた

　打ち込んだのは土作り。葉タバコ栽培の技術が生きた。秋の収穫後に畑を耕し、春にはススキや落ち葉を敷き詰める。土の乾燥や雑草を防ぐ、有機質たっぷりの土壌ができる。

「個人販売では、まとまった量と均一の品質を求める市場の評価は得られない」と共同出荷も徹底。剪定《せんてい》や粒の間引きなど作業ごとの講習を重ね、均一化に腐心した。出荷額が一千万円を超える農家が現われ始めると追随の動きは加速した。

いま、三一四戸が計八六ヘクタールで栽培する。この一〇年で一九人が移住して就農し、三十、四十代を中心としたUターン者は二四人。二〇一六年の春も新たに四人が現地での研修に入る。

「若手もベテランも講習会に参加し、技術的に困ったことは先輩が出し惜しみせずに助言している。ブドウだけで生活する成功例が身近にあり、新規就農者も将来をイメージできる」。先駆者の一人、吉岡朝晴さん（六八）は産地一体の取り組みが功を奏したとみる。

ただ、おいしい果物を作りながら、産地化が進まない地域もある。約四〇年前からリンゴ栽培に取り組む広島県北広島町芸北地域。いまは六〇、七〇代を中心に一六戸が地元の道の駅や広島市内のスーパーに出荷する。品質がよく、農協などから「もっと出荷して」と求められることもあるが、生産量が少なく応じ切れていない。

「ニーズに応えるには生産者を増やすしかない。でもみな年を取っとるし、規模拡大は難しい」と生産組合の市原政則組合長（六九）。本格出荷まで七年はかかるリンゴは新規就農のハードルが高く、ここ何年もリンゴ栽培を始める若手はいないという。

「このままでは芸北のリンゴは先細りだ」。危機感を抱く最若手の岩本晃臣さん（四七）は、小ぶりな木で早期の収穫を見込む、新たな栽培方法に挑戦している。「若手があと二、三人増えたら収穫も増え、加工品開発も進められると思うんよ」。産地化が地域を支える担い手の確保につながると信じ、奮闘は続く。

⑤「農地守る」企業の挑戦

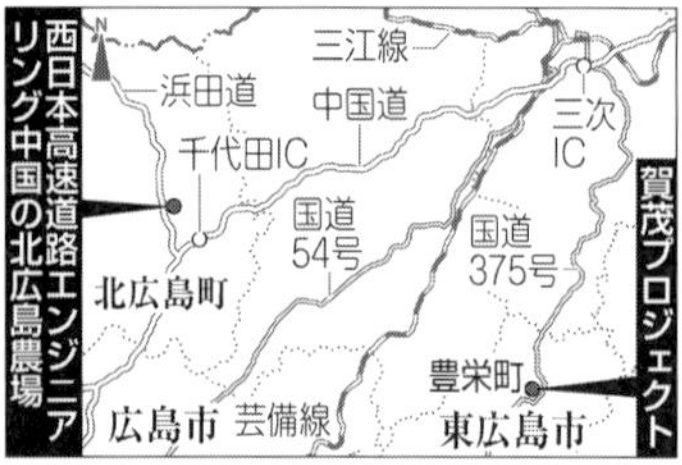

おそろいの作業服の男性三人が、広島県北広島町蔵迫の畑で農作業に追われていた。帽子には西日本高速道路（ＮＥＸＣＯ西日本、大阪市）グループを意味する「Ｎ」の文字。いずれもグループ会社、西日本高速道路エンジニアリング中国（広島市西区）の社員だ。

高速道の点検管理業務を主とする同社が農業に参入したのは二〇一〇年。定年後も働きたい退職者を受け入れるほか、「農地の保全にも貢献できれば」との思いがあった。高齢の農家から耕作できなくなった農地などを借り受け、北広島農場を開設した。

農地を借りて、との依頼は続き、農場は七・七ヘクタールから四二ヘクタールに拡大。事務所から一〇キロ以上離れた農地も引き受ける。売り上げの八割を占めるコメは農協を通さず、サービスエリアなどの飲食店や個人に直接販売。キャベツ

作付け前に土を掘り起こす高下さん（右）たち社員３人

や水菜といった野菜も作り、町内の道の駅や農協に出荷する。従業員五人のうち四人は町内出身者。地元に雇用を生んだ。

ただ、米価低迷の影響で黒字にはなっていない。農地を守る狙いで、これまで広い土地を使う米作を重視してきたが、それも見直す方針だ。「コメで収益を上げるのは困難。野菜にも力を入れる」と高下茂樹農場長（六〇）。広島名物のお好み焼きに使われるキャベツの生産を増やすほか、今後借りる農地は事務所から半径五キロ圏を中心とし、合理化も図る。

〇九年の農地法改正で企業による農地賃借の規制が大幅に緩和され、中国地方でも一五年六月時点で二四〇法人が農業に参入。収益性の高い野菜や果樹を栽培する法人が目立つ。米作は少ないが、広島県東広島市では新たな取り組みが始まっている。

同市北部の豊栄町清武西地区では事務所と倉庫の新築工事が進む。地元の農家三三戸と精米機製造などのサタケ（東広島市）が一五年七月に設立した株式会社「賀茂プロジェクト」の拠点だ。

会社が農家から計二三ヘクタールの農地を借り、農地経営を一本化。農作業は農家が担い、会社は労賃を払う。コメは近くのサタケの工場に納入。血圧が高めの人に適した成分がある「ギャバ米」に加工し、サタケのネットワークで販売する。一次産業だけでなくコメ加工などの二次産業、商品販売の三次産業も手がける「六次産業化」に挑む。

三三戸の農家の平均年齢は七〇歳を超す。長い取り組みとするためにも、若い職員の雇用も視野に入れる。地元の田川憲司さん（六八）は「サタケと一緒なので安心感がある。『わしらももうちょっと頑張ろうで』と言い合っている」と話す。「企業と農家が一体になって、コメ作りを中心に集落を再生するモデルをつくりたい」とサタケ経営企画室の梶森久史部長（五八）。新たな挑戦は四月下旬の田植えから本格的に動きだす。

⑥ 野菜栽培　攻める若手

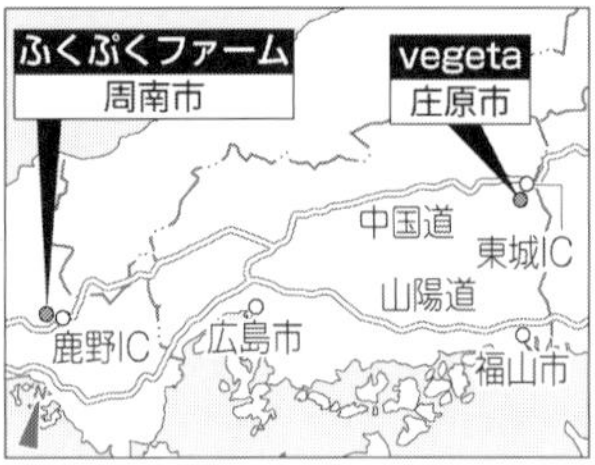

約三〇センチの背丈のホウレンソウが四アールのビニールハウスに広がる。「葉ぶりも良く、なかなかの出来」。山口県周南市鹿野地区のふくぷくファーム株式会社の白井智規社長（三八）が妻の裕貴さん（三六）にほほ笑みかけた。

種まきから出荷まで約八〇日。「いつも市場に並ぶ物にいい値が付く。商品を切らしちゃいけん」とハウス二六棟をフル回転。市内の市場を中心に週一トンの出荷を続ける。

妻の裕貴さんとホウレンソウの収穫作業に汗を流す白井さん（手前）

鹿野地区の兼業農家に生まれ、農作業を手伝いながら育った。福岡大を卒業後、都内の証券会社に勤めたが、三二歳だった二〇一〇年、「もうかる農業を」とUターン。実家の農地に農協リースのハウスを建て、自己資金の四〇〇〇万円で配水と電気設備を整えた。

当初は農協を通じて取引したが、消費者の声を聞きたいと二年前からは市場に直接出荷。「苦みがなく肉厚」との評価を得て、周南市や隣の防府市のスーパーに野菜が並ぶ。高品質の堆肥で収穫量は一・五倍増。設立当初九五〇万円だった売り上げは約三倍になった。

会社はパート六人を含めた九人体制。一六年度に正社員を一人増やす。「誤解を恐れず言えば、農家が減っているいまだからこそチャンス。収益を上げて地域を支える会社にしたい」。七四アールの作付面積を今後五年で五倍にするのが目標だ。

高齢化で耕作者がいない農地は今後さらに増える。米価が低迷するなか、収益性の高い野菜栽培を拡大させる動きが目立つ。

広島県が進めるキャベツの産地化計画に連動する同県庄原市東城町の株式会社ｖｅｇｅｔａ（ベジタ）もその一つ。県が土壌改良した町内の遊休地（一三ヘクタール）を借り、一六年から本格的に栽培する。谷口浩一社長（四九）は「年間五千万円の売り上げを目指す」と意気込む。

県が一六年度から整備する町内の別の遊休地でも大規模栽培に取り組む方針。いずれも標高七〇〇メートル台の高原地域の涼しい気候を生かし、県産キャベツがなくなる七～一〇月の出荷を狙う。

谷口社長も兼業農家の出身。広島県立農業短大で学んだ水耕栽培でベビーリーフやホウレンソウを作るとともに、耕作放棄地を借り農地を拡大。露地栽培で白菜や白ネギを作る。農地は広島県北部の庄原、三次、安芸高田の三市で五〇ヘクタールを超え、一五年は一億七千万円を売り上げた。

従業員は正社員とパートで計三六人。「地域資源を生かして野菜を作り、都会に売って雇用をつくるのがわれわれの仕事。耕作放棄地を借りて野菜を作る時代が来た」と語る。一方で、地域の農地を守る小規模農家への支援も必要と考える。

高齢農家の大離農時代が迫る中国山地。平地が乏しい地形の制約はあるものの、野菜栽培で「攻めの農業」を進める若い担い手が存在感を増している。

⑦ 新鮮野菜　都市へ直送便

海のすぐそば、広島市南区宇品地区の産直レストラン「ラソラ」に、広島県安芸高田市産の野菜を積んだ保冷車が着いた。茎ブロッコリーや赤茎水菜、イタリアンパセリ……。一四種類の新鮮野菜はさっそく、店内のカウンターに陳列された。ランチタイムにサラダとなり、テーブルに運ばれていく。

「旬で一番おいしい野菜を使いたい。健康に気を使う人にとって地元産は安心できるし、他店との違いも出せる」。山田新統括料理長（三四）は狙いを語る。

ラソラ店内のカウンターに陳列された安芸高田市産の新鮮野菜

配達するのは安芸高田市向原町の株式会社「まごやさい」。農家五〇戸から収穫したての野菜を買い取り、保冷庫で保管。インターネットで注文を受け、翌朝届ける直送便だ。広島市を中心に週三回配送し、飲食店やデパートなど五〇軒と個人一〇〇人を固定客とする。

出荷する側は、自家用の野菜を作り、余れば近所に配ったり地元の産直市に出す程度の零細農家が多い。自分で食べたい品種を選び、連作障害を避けて多品種を作るので、昨年の出荷は三五〇品種に及ぶ。「一般の流通では手に入らない野菜や、店の売りになる特徴ある野菜も。ニーズはもっとある」。有政雄一社長（四七）は力を込める。

向原町出身の有政さんは東京などで会社員をしていたが、四〇歳だった二〇〇九年に「職業人の後半は別のことを」とUターン。実家の田畑で、子ども向けの農業体験事業を軌道に乗せた。

ただ、約二〇年ぶりに暮らす向原町は想像以上にさびれていた。小学校時の人口六千人は四千人に。戦後は食糧供給の役割を担ったが、いまはコメが余る。「役割を終えてしまったのか」と思うことさえあった。

そんなとき、農業体験の参加者から「作った野菜で店をしてみたら」と提案があり、広島市内にレストランを開業。自分の田畑で作る野菜を食材に使った。評判は上々で他店からの引き合いもあり、近所の農家に声をかけて出荷量を増やしていった。「新たなマーケットがある」と気づいた。

借金の末、一年がかりでネット注文のシステムを開発。一四年末に会社を設立した。初期投資がかさんだ一五年は赤字だったが、一六年は三千万円以上の売り上げを見込み、黒字化を狙う。

農家が年を重ねるごとに農地を広げるなど、山間部では考えにくい現象も出てきた。年金暮らしのかたわらで野菜を作り、年間一〇〇万円以上を稼ぐお年寄りもいる。「都市に近い中国山地は、豊かな自然による野菜を翌朝に都市部に届けられる。小さな農家が集まり都市に供給するスタイルは可能性がすごくある」。広島県の廿日市市吉和地区でも主婦が同様の取り組みを進める。

高度経済成長期、近接した都市に人々を奪われ、著しく過疎が進んだ中国山地。半世紀を経て、その都市との近さをもって、農山村の価値を問い直す試みが始まっている。

地域で守り継いできた円光寺（奥）の裏山に、新調されたお堂を運ぶ住民。春の訪れとともに、心待ちにしていた日だ

季節の移ろいスケッチ②

春の寺領（広島県安芸太田町）
ほっこり花咲く里

長かった冬が終わり、中国山地にも春到来――。広島県安芸太田町の寺領《じりょう》地区では、花々がほころび、里山に彩りが戻ってきた。田植えの準備も始まり、せわしい季節が迫ってくる。

春分の日、住民約五〇人が地区にある円光寺に集まった。毎年恒例の大掃除だ。ことしは本堂の裏山に置いていた古いお堂をひのき製に新調し、一緒に運んで地域の絆を確かめ合った。

「これで一安心。これからもみんなで大切にしていけたらのう」。五〇年前から総代を務める栗栖寿樹さん（八一）が、戦後間もなく住職が不在となり、住民で守ってきた寺へ思いをはせた。

田植えの準備を始めたのは佐々木富江さん（六〇）。姉夫婦と一緒に、種もみを平らな箱にまき、土をかぶせる。「手間だけど会話をしながらなので楽しい」。もうすぐ田植えに使う苗が育つ。

地区にある四集落のうちの一つ、長原集落では、住民一二人が集会所前の水田で、水漏れを防ぐための板をあぜに取りつける作業をしていた。集落を離れた人の田を自治会が買い取り、コメを作る。自治会長の佐々木富士夫さん（六一）は「これからが田んぼの本番。忙しゅうなるのう」と口元を引き締めた。

集落を離れた人から受け継いだ自治会の水田。穏やかな日差しのなか、梅がほころび、農作業もはかどる

冬を越えたキャベツは甘みが凝縮。根の張りを良くするため、株の近くに土を寄せる。収穫までもうひと頑張りだ

菜の花が県道沿いに咲き誇る。寺領地区を訪れた人を出迎える

寺領地区は「民泊」が盛ん。台湾の高校生4人は住民と語らい、ちらしずしを食べてひとときの田舎暮らしを満喫した

休耕田に仕掛けたわなにかかったイノシシ。田畑を荒らす鳥獣との知恵比べをする季節がまたやってきた

ことしもいいコメができますように――。育苗用の箱に種もみをまく。田植えの準備はこれからが本番だ

第5部　なるか林業再興

半世紀前、建築用の木材を増やそうと全国で植林されたスギ、ヒノキが中国山地でも大きく成長し、伐採期を迎えている。「林業を成長産業に」と国や自治体が支援を強めるなか、木材生産量も増加している。ただ、往時と比べて木材価格は低迷。山主の高齢化や不在地主などの課題もある。先人が残した山の財産をどう活用するのか。林業再興の道を探る。　　　　（中国新聞掲載は2016年4月）

① 育った人工林「切りどき」

まるでバリカンで刈ったように、島根県吉賀町六日市の伐採現場は一面の木が切り取られ、山肌があらわになっていた。標高約五〇〇メートルの頂上付近で切った木が架線につるされ、次々と麓に下りてくる。事業区の木をすべて切り出す「主伐」である。

大半は五〇～六〇年前に植林されたスギやヒノキ。高さ二〇メートルに育っている。麓で待つのは「プロセッサ」と呼ばれる高性能機械だ。アームの先端で幹をつかんで一気に枝を払い落とし、長さ四メートルずつに切断。太さや形状に応じて仕分ける。

事業エリアは約一〇ヘクタール。同県益田市の伸和産業が地権者から立木を買い取り、約七ヶ月で伐採する。一〇トントラックで三〇〇台分の木材を運び出し、合板工場や製紙会社に販売。昨年から稼働する同県江津市と松江市の木質バイオマス発電所にも供給する。篠原憲社長は「造林されたスギ、ヒノキが切れる時代になり、『買ってほしい』という山主も多い。仕事は増えている」。

一帯の木を切り出し、地肌もあらわな伐採現場。高性能機械で木の枝を落とし、丸太に加工する（島根県吉賀町）

木材は、大戦前後の大量伐採で国産材が不足していた一九五六~六四年に、輸入自由化が段階的に進んだ。安い外材との競争にさらされた国産材の価格は下落。林業の衰退につながった。

だが二〇〇七~〇八年にロシアが針葉樹丸太の輸出税率を約四倍に引き上げ。円安で外材価格が上がり、国産材のニーズが高まった。バイオマス発電所の相次ぐ立地も需要を押し上げた。

同社の売り上げはこの五年で約三割増え、関連会社を含めた従業員も六〇人から八〇人に。関東や関西から就職する若者もいる。木材価格が上がらないのが悩ましいが、篠原社長は「林業が少しずつ回復してきた。過疎地の雇用の受け皿になれれば」と意気込む。

同じ西中国山地の広島県安芸太田町。太田川森林組合の通常総代会で佐々木徹組合長(七三)が「人工林が成熟している。主伐に積極的に取り組みたい」と訴えた。だが、参加した一〇五人のうち、応えてくれたのは一人だけだった。

山主の組合員は七〇、八〇代を中心に約三千人。組合は伐採作業などの代行で手数料を得る。これまでも主伐を促したことはあるが、収支の試算を示すと「こんなに安いなら切らない」とつれない。「年配の山主は木材価格が高かった時代を覚えてるからね」。佐々木組合長は組合員が主伐に消極的な理由を推し量る。

育った木を切り、また植える林業の営み。木材価格の低迷で山主に還元できる金は細ったが、主伐が進めば再び植林や保育が必要となり、仕事が生まれる。「木材業界が求める木が山に育っている。ある程度妥協してでも循環をさせた方がいい」。組合は近く発送する会報誌で、全組合員に主伐を呼びかける方針だ。


〈木材価格〉

昭和三〇年代の輸入自由化の影響で、スギ、ヒノキの価格は一九八〇年を境に下落。山林所有者の収入に当たる「山元立木価格」では、中国五県の二〇一三年のスギ、ヒノキの価格はピークの一割前後にまで下がった。逆に人件費や資材など林業経営のコストは上がり、林業衰退の要因になった。

《特集》先人の贈り物　実りのとき

広島県安芸太田町の県営林（手前）。ヒノキ、スギの人工林が伐期を迎えている

中国山地ではいま、先人が「子や孫のために」と植えた樹木が実りのときを迎えつつある。木材価格の下げ止まりや山主の高齢化など取り巻く環境は厳しいが、国や自治体は国産材の利用拡大に力を入れ、木材生産量は増えてきた。半世紀を経て巡ってきた林業再興のチャンスをどう生かすか。

*

広島県安芸太田町猪山の国道一八六号から細い道に入り、でこぼこ道を車で約二〇分。そこからさらに二〇分歩くと、向イ山黒滝地区の県営林に着いた。一九六〇年に植えられた高さ一六~一七メートルのヒノキが約二メートル間隔で整然と立ち並ぶ。

「太さも高さもそろっているし、需要は十分ある。ある程度の値段がつくのではないか」。現地を調査した県森林保全課の堀仁志主査（四七）が手応えを語る。

県内各地の県営林は計約二万ヘクタール。四〇~五〇年前、広葉樹を切った後にヒノキやスギを植えた人工林が多い。これまで県は、林を間引いて木の成長を促す間伐に力を入れてきたが、二〇一六年度から事業地の木をすべて切り出す「主伐」を本格化させる。予定面積は一五年度の一一倍の計一一〇ヘクタール。向イ山黒滝地区も候補地の一つである。

ここ二、三年の円安で外材の価格が上がり、国産材シフトの動きも出始めた木材業界。県内の製材工場などから「県産材が安定的に供給される体制を」との要望が寄せられる。全国的には商社や住宅メーカーによる「山買い」の動きが続いており、中国山地でも引き合いがあるという。

ただ、広島県内は所有面積が一ヘクタール未満の小さな山主が多く、安定供給の道筋は見えにくい。このため広大な県営林をもつ県が「率先して需要に応えたい」として主伐を加速。二〇一七年度は一三五ヘクタール、一八年度は二一五ヘクタールを予定する。県産材を使う住宅メーカーに補助金を出すなど、県産材を活用するための出口戦略も進める。

県土の七割を森林が占め、西日本で有数の森林資源をもつ広島県。「木を切り出す業者がいて、加工工場があり、沿岸部には大消費地がある広島県のポテンシャルは高い。転換期にあるいま、持続できる林業を目指したい」。県林業振興部の岡村篤憲部長は「攻めの姿勢」を強調する。

山主の思い　カネにならん　ため息

「五、六十年前に父が植えてくれたが、木材価格はピーク時の一〇分の一。木はカネにならん。株を買うて損したようなもんよ」。広島県神石高原町上豊松で一六ヘクタールの山をもつ佐藤孝行さん（七二）はため息交じりだ。

自宅近くの山を案内してくれた。一一年前に八六歳で他界した父親が一九五七～五八年に植えたヒノキは直径が三〇センチに達し、高さは二〇メートルを超す。キィーン、キィーン。木の先端が上空の風に揺られ、擦れ合う音が静かな森に響く。「まとまった金が要るときは、木を売ればいい」との祖母の言葉をいまも覚えている。だが、約四

亡き父が育てたヒノキやスギを見つめる佐藤さん

○年前に一立方メートル当たり二〇万〜三〇万円で取引されたヒノキの柱材はいまでは一万五千〜二万五千円。木は切りどきを迎えているが、佐藤さんは切り出すことは考えていない。

　二〇〇七〜〇八年に神石郡森林組合に委託して六・七ヘクタールを間伐したことがある。伐採したヒノキやスギの売却益で約七〇万円が手元に戻ってきた。ただ林業は長いスパンの営みだ。苗を植え、木の成長を妨げる草を刈り、育ちの良くない木を切る除伐や間伐などの手入れを重ねる。亡き父はそれを半世紀にわたり続けてきた。その手間を考えたとき、「割に合わない」との思いが湧き上がった。

　木材価格に回復の兆しは見えず、佐藤さんは山から遠ざかりがちだ。造林地に向かう途中の山道では倒木が進路をふさぎ、とげのある雑木が生い茂る。三〇代の息子二人が山に関心をもっていないのも気にかかる。

　木材業界は外材頼みを強めてきたが、中国の木材需要が増大。海外の動向には不安定要素もある。「世の中どうなるかわからん。木は減るもんじゃないし、高くなったときに売れればいい」。佐藤さんは木材価格の持ち直しを待ちわびる。

国産材の利用を国・五県が後押し

　国は、木材自給率を五〇％以上に引き上げる目標を掲げ、国産材の利用を後押しする。大規模林業の取り組みに補助金を出すほか、新技術の開発や新規就業者の確保、公共建築物への木材利用に力を入れている。

複数の所有者の山林を集めて間伐や作業道の整備を進める森林組合や木材業者を対象に、国は補助金を交付。規模拡大でコスト減を図る事業者を後押しする。

鉄筋造りと同等の丈夫なビルを建てられる新建材として期待が集まる木板パネル「CLT（直交集成板）」の開発、普及も推進。新規就業者を増やすため、研修生を受け入れた森林組合や林業会社に一人当たり月九万円を交付する「緑の雇用」も二〇〇三年度から続ける。

二〇年東京五輪に向けて建設する新国立競技場は木材を多く使うデザインを予定。国民に国産材をアピールする。都道府県や市町村が公共建築物を整備するさいにも木材利用に努めるよう求めている。

中国五県も国と連動し、国産材の生産を増やす方針。広島は一六年度、区域を決めて木をすべて伐採する「主伐」を県有林で本格化。山口は県内約二〇カ所で山林を集約して間伐や道路網整備を進める。生産量全国一位のヒノキ製材品の輸出を進める岡山は中国、韓国での販路拡大を図る。

島根は、森林所有者に独自の補助金を出して主伐を促す。鳥取は、間伐への補助金を手厚くして木材搬出を支援している。

林業経営体　一〇年で五六％減
人工林の六割　樹齢四〇年超す

農林水産省が二〇一五年に実施した「農林業センサス」によると、中国五県の林業経営体はこの一〇年間で約六割減った。一方でスギやヒノキなどの人工林は利用期を迎えており、減少傾向が続いていた木材生産量は増加に転じている。

保有山林面積が三ヘクタール以上で過去五年間に植栽や伐採を実施した林業経営体は、〇五年に五県で計三万二一六〇団体に上ったが、一五年二月一日時点では一万三九四九団体に減少。木材価格の低迷が続くなか、一〇年間で一万八二一一団

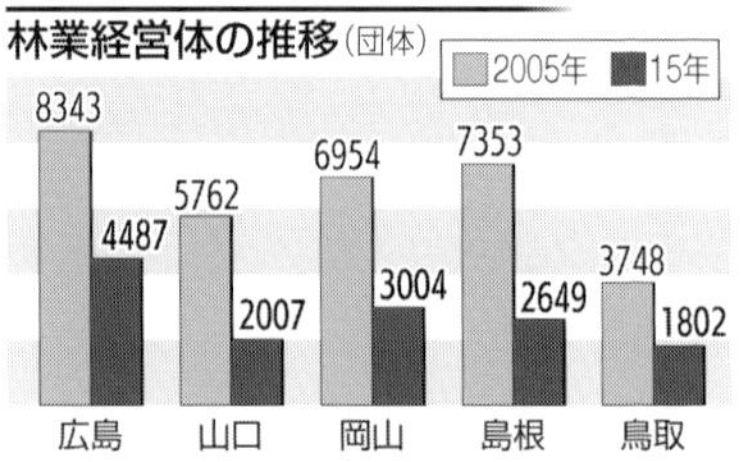

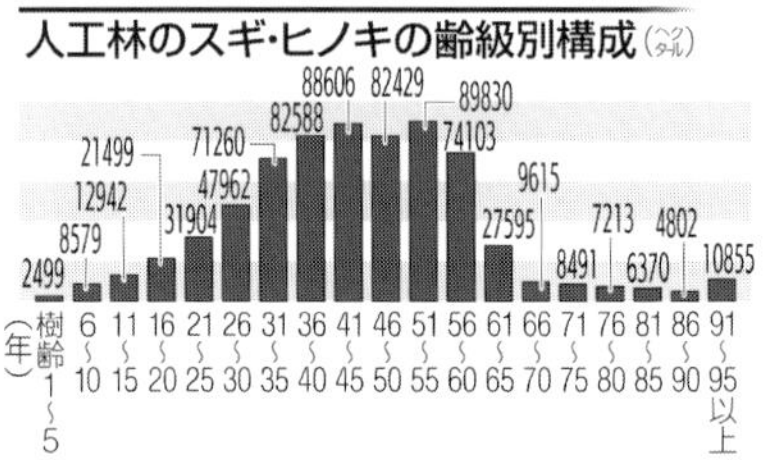

体（五六・六%）減った。
一ヘクタール以上の山林を保有する五県の林家は計一四万一五六四戸。一九六〇年の一八万九六一四戸から二五・三%減った。
一方、国が推し進めた拡大造林による人工林は「切りどき」。五県のスギとヒノキの人工林計六八万九一四二ヘクタールのうち、約六割の四〇万九九〇九ヘクタールが樹齢四〇年を超え、利用期を迎える。しかし植林は停滞。偏った齢級分布となっている。

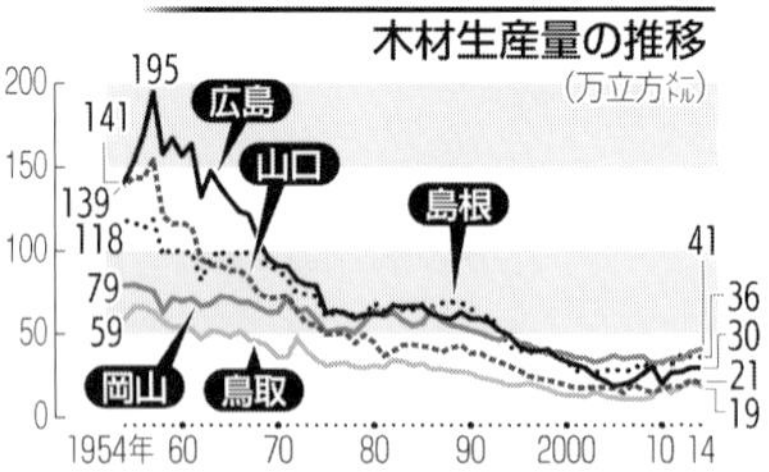

※いずれも山元立木価格。市場での丸太売り渡し価格から、伐採や運搬などの経費を差し引いた額で、山林所有者の収入に相当する

農水省の木材需給報告書によると、一四年の五県の木材生産量は一四六万立方メートル。データが残る五四年以降で最多の五七年の六〇六万立方メートルには遠く及ばないが、最も少なかった〇六年の一〇八万立方メートルと比べると約三割増えている。合板用や木質バイオマス発電用のチップ加工などの需要が高まっているという。

林業が衰退する要因となった木材価格の低迷は

続く。山林所有者の収入に相当する山元立木価格でみると、一五年の五県の平均価格はスギが一立方メートル当たり二四四四円、ヒノキが同六〇四〇円。ピークの八〇年に比べ、スギが一〇・八%、ヒノキが一三・七%にまで下落している。

県立広島大・小林准教授に聞く
少子高齢化的な分布　平らに

伐期を迎えたスギやヒノキをどう活用すべきか。環境に調和した木材利用のあり方を研究する県立広島大生命環境学部（庄原市）の小林謙介准教授に聞いた。

――中国山地の現状は。

広島県で言えば、八五%が植林して四〇年以上の木だ。成長して年を取った木が多い半面、若い木が少ない。少子高齢化の人口と同様の偏った分布だ。育った木は切って使い、樹齢の構成を平たんにすべき。長年、人の手をかけたスギやヒノキはまず建築用材を考え、そうならないものは（バイオマス発電所などの）燃料として使えばいい。できるだけ質の高い状態で使うことを考えたい。

――木材増産を促す国や自治体をどうみていますか。

方針は間違っていない。ただ、実際には伐採後に植林されていないケースも目につく。気づいたら、はげ山ばかりになってはならない。やみくもに使うのだけはやめた方がいい。

――どう取り組むべきですか。

スギ、ヒノキの人工林をどれだけ残すかを考えることから始めるべきだ。いまほどは要らないかもしれないし、もっとたくさん必要になるかもしれない。（中国の需要拡大などで）外材がこれまでのように入らなくなるリスクも含めて検討し、目標値を決めないといけない。需要がそれほど見込めないなら、人手のかかる人工林は天然林に戻した方がいい。正確な予想は無理だろうが、ある程度の勘所でもいいから、方針をもって進めるべきだ。

② 木質チップ　発電で脚光

島根県江津市松川町の木質バイオマス発電所「しまね森林発電」。トラックダンパと呼ばれる装置に乗った大型トラックがどんどん傾いていく。傾斜四五度くらいで止まると、荷台に満載した木質チップが施設内に流れ落ちた。作業が終わりかけたとき、チップを積んだトラックがさらに二台、相次いで到着した。

燃料となる木質チップは日曜を除く毎日、午前四時から夕方まで延べ三〇台のトラックが運び込む。島根県を中心に中国山地の木から作られる地元産燃料。所内に最大三日分の燃料しか貯蔵できないため、日々の供給が発電所を支える。

供給するのは、県内のチップ業者や森林組合など二五事業者でつくる県素材流通協同組合。各事業者が製造できる量を聞き取り、年八・三万トンの契約を結ぶ。事業者はチップ製造機を導入したり作業員を増やしたりして増産に対応。材木に使えない細い木や枝葉など、以前は山に捨てていた木も運び出し、チップに加工する。

「新たな仕事を確保でき数十人の雇用が生まれた。

発電施設（奥）の燃料となる木質チップ（手前）。斜めになった大型トラックからチップが納入される

山に捨てていた木が燃料になり山がきれいになる」。同組合の樋谷雅事務局長（四三）は経済と環境両面での効果の大きさを強調する。

発電所は、再生可能エネルギーを増やそうと二〇一二年に導入された国の固定価格買い取り制度に基づき、県が事業者を公募。名古屋市の建設会社の子会社が一五年六月に開設した。総事業費は五五億円で出力は一万二七〇〇キロワット。二万三千世帯分の電力を賄える規模だ。

「おおむね順調」。前田慎一所長はこう説明しつつ「雪もあり、チップの水分量が思った以上に高く、燃焼効率が落ちた。本当は九万トンは欲しい」と明かす。

固定価格買い取り制度をきっかけに各地で新設されるバイオマス発電所。経済産業省によると、中国地方では一五年一一月末時点で五基が稼働中で、さらに六基の新設が認可済みだ。木材チップの需要は今後も増える見通しで、燃料不足を心配する関係者もいる。

「うちが出せる量は限られている。燃料は取り合いになっている」と話すのは、燃料チップの取扱量が西日本一という殿林（広島県安芸高田市）の森永賢悟社長（四三）。中国地方の複数のバイオマス発電所から「できるだけ多くほしい」と要請されたが、応じきれないという。

従業員を増やそうにも、危険な仕事もあり、待遇もいいとは限らない林業の希望者を探すのは一苦労。重機などの初期投資もかさみ、新規参入もなかなか進まない。中国地方の林業従事者は一〇年に五一二〇人。三〇年前の約三分の一に減っており、木を切り出すマンパワーは不足する。

「戦後植えた木がいい木になっている。発電所だけでなく山側への対策がもっとあれば動きが出てくる」。森永社長は林業全体の底上げにつながる支援策を期待する。

③ 老いる地主　荒れる山

「夫が急に亡くなり、遺言はないし、息子もよくわからないし……」。山深い広島県庄原市西城町の黒谷下集落。二〇一六年一月の大雪で長さ十数メートルのスギが五〇本以上倒れ、道路にはみ出たままの裏山を見上げ、福留幸子さん（八〇）が困ったような表情を浮かべた。

山は、肺がんのため一五年八月に八〇歳で死去した夫が一手に管理していた。半世紀前に夫の父が植えたスギやヒノキは、木材にできるほどに育っている。だが、幸子さんは境界も広さも知らない。相続した兵庫県尼崎市在住の長男（五一）も同じだ。

倒木のある一帯は隣家の山も含まれる。ただ、住んでいた夫婦は数年前に他界。横浜市に住む長男（五四）が相続したが、境界など詳しいことは知らないという。倒木の処理には双方の地主が立ち会い、境界を確認する必要がある。しかし、話し合う機会ももてていない。

「山のことを知るもんが急に亡くなり、境界もわからんようになってしもうた。各地でこういうこ

スギの大木が50本以上倒れた裏山を見る福留さん（右）と西川さん

とが起き、困りよる状況よの」。長年林業をしてきた隣の集落の西川友行さん（八三）は言う。福留さん方まで倒れてきそうな木もあるため、地元の西城町森林組合に「組合で管理してはどうか」と提案。組合は検討を始めた。

山主である約千人の組合員の平均年齢は七〇歳を超える。不在地主も多い。同じような問題はどこでも起こりうる。組合員の森林経営を代行することは定款で認められているが、これまでにやった例はない。高橋卓三組合長（六一）は「モデルケースとしてやりたい。組合が山を管理して木を切り出し、山主に利益を還元できる方法を考えたい」と話す。

国も動きだした。荒れた山の手入れの担い手として、樹木を育てたり伐採したりする作業員がいる森林組合を重視。組合が森林経営を代行しやすくするための森林組合法改正案を今国会に提出している。

放置される山が増える一方で、国産材の需要は持ち直しつつある。円安で外材価格が上がり、国が国産材の活用を促すなか、商社などによる「山買い」の動きが中国山地でも出ている。

北米からの輸入に頼ってきた製材大手の中国木材（広島県呉市）もその一つ。自前で山を買い、原料の木を切り出し、また植えるという循環型の戦略を描く。宮崎県と岐阜県にも製材工場をもち、九州や岐阜で計六千ヘクタールの山を購入したという。

ただ、中国山地では買い付けまでは進んでいない。一〇〇ヘクタール単位の山主がいる九州と違い、一ヘクタール未満の小さな山主が多いうえ、境界がわからない山や不在地主の多さもネック。「地主や境界を明確にして山を集約したうえで、新たな需要者に引き渡す仕事が重要なのでは」と同社の柚山克明・原材料本部長（五〇）。山の事情に詳しい各森林組合に注目する。

山を熟知した所有者が高齢化するなか、新たに活用したい事業者にどうつないでいくか。時間はあまり残されていない。

④ 新たな植林　山主苦悩

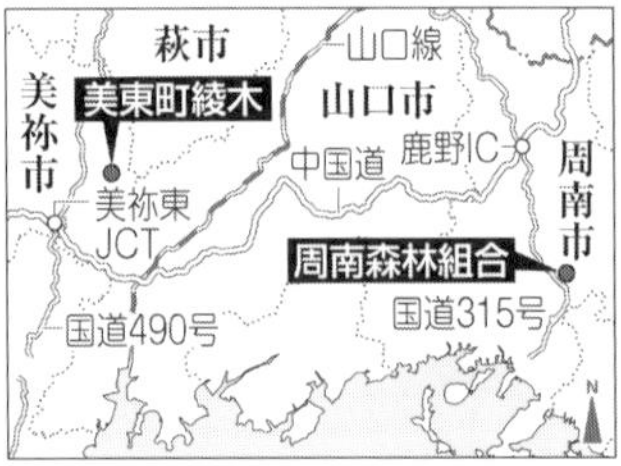

山口県美祢市美東町綾木の山道を約三〇分登ると、広さ一ヘクタールほどの茶色い山肌が現われた。「さっぱり木がのうなっとるが、新しい苗を植える気にはならん」。山主の田中昭夫さん（八三）が、一年前に伐採が終わった斜面を寂しそうに見つめた。地面にはとげのある草木があちこちに生え、かつてのスギ林の面影はなかった。

酪農中心の農家だった田中さんは、木材価格が高かった五五年前、山の雑木を伐採し、妻、父と三人でスギの苗木を植えた。「水筒の水が湯になるぐらい暑うて大変だった」。酷暑の作業を鮮明に覚えている。

下草を刈ったり、枝打ちをしたりと頻繁に山に通った。スギの成長に欠かせない作業で、当時幼かった長男の将来の財産になればとの思いで取り組んだ。植林から約一〇年後、農業から離れ、会社勤めを始めた。その後、国産材は安い外材との競争にさらされて価格が下がり続け、田中さんの期待はしぼんだ。

所有する山を、スギの伐採後に初めて歩いて回る田中さん

山口市の製材会社の打診を受けて、二〇一四年から一五年にかけてスギを切り出した。約九〇万円の売値は「安い」と感じた。でも、「自分の代で切った方がいい」と決断した。

田中さんの山は洪水防止などの役割を担う保安林に指定されている。森林法で伐採から二年以内の植林が義務づけられ、違反者に一五〇万円以下の罰金を科す罰則規定もある。伐採から一年がたち、田中さんはいまも悩む。「植えとうないわけじゃないが、これから木の値段は上がるとは思えん。一度植えたら長いこと世話せんといかん。子どもに悪い」。森林組合などに管理を任せる方法もあるが、委託費がかかる。

植えて切るまでに半世紀はかかる林業。高齢化や木材価格の低迷で、五〇、六〇年先を見据えた植林に意欲がもてない山主が多い。地元のカルスト森林組合が一五年度、一帯の木をすべて切る「主伐」をした私有林一五ヘクタールのうち、植林されたのは四割の六ヘクタールにとどまる。

一方で、業界ぐるみの取り組みが効果を上げている地域もある。周南森林組合（山口県周南市）によると、一五年度に主伐された市内の山林の約九割に当たる一六ヘクタールで植林が進んだ。

植林を後押しするのは、同組合が県内の木材業者六社と結んだ協定だ。山主の委託を受けて木を切った木材業者は、伐採後の地面を耕すなど植林しやすい状態にして山主に戻す。植林の費用も、県の補助金のかさ上げにより、山主の負担は二割ですむ。木材業者が山主に伐採をもちかけるさいに植林も勧める。

「地域できれいな山が増えれば、切ったら植えるという意欲が他の山主にも広がる。植えなければ、いつかは利用できる木が足りなくなる」と松田富雄組合長（七二）。山の将来を見据え、山主のサポートに力を入れる。

⑤ 若者増加　伐採の主役

　広島県三次市山家町の山林に張りめぐらされた作業道を、大型の林業機械がせわしなく行き来する。三次地方森林組合の三上紀幸さん（三五）が運転席で二つのレバーを動かし、巧みにアームを操る。高さ二〇メートルほどの林立するヒノキから、細い木を選んで切り倒し、枝を払い、丸太に加工していく。「いまでは考えるよりも先に体が動く」。次々と場所を変えては間伐作業を繰り返す。

　三次市で生まれ育った。地元の高校を卒業後、同市内の紡績工場などで働いた。「タイムカードで管理されず、外で体を使う仕事をしてみたい」と二〇〇八年、同森林組合の職員募集に応募し、採用された。同組合は、林野庁の「緑の雇用」事業を活用した新規就業者の受け入れを始めていた。

　一年目は下草刈りや枝打ちが中心。二年目から大型機械に乗り、大きな木も切るようになった。「機械の操作は思ったより簡単で早く慣れた」。いまは部下を一人もち、班長としてスケジュール管理も担う。「少ない人数で現場を回すので一人の

大型機械を巧みに操り、ヒノキの間伐を進める三上さん

責任は大きいが、ある程度気持ちが強い人なら続くのでは」と語る。

林業は力仕事できついイメージが強かったが、ここ一〇年の機械化で様変わりしている。木を切り、必要な長さに切り分け、トラックに積む作業はロボットのような高性能機械でこなす。「若い子でないといまの機械は使いこなせない。若者が活躍できる現場になっている」と辺見俊宗組合長(六三)。組合は、この五年で三〇代を中心に九人を採用。一九九七年に五二・七歳だった作業員の平均年齢は四六・五歳に若返った。

中国地方の林業従事者は一〇年時点で五一二〇人。九〇年の約半分に減っている。ただ、〇五年から五年間の減少数は一〇〇人。五年ごとに一〇〇〇〜二五〇〇人減っていた以前と比べ、下げ止まってきた。緑の雇用も下支えする。

森林組合で技術を学び、独立した人もいる。三次市の林業会社社長の守岡伸樹さん(三五)。五年前、「林業の担い手が少ないいまだからこそチャンス」と約一〇年間勤めた森林組合を辞めた。

個人で伐採の仕事を請け負ってためた三〇〇万円を資本金にして一四年に会社を設立。地元の三〇代の男性四人を雇い、リースや中古も含め、大型機械六台をそろえた。一五年度は、依頼された約八〇ヘクタールから木を切り出し、搬出量に応じた売り上げは約七千万円。二、三年後に一億円まで伸ばすのが目標だ。

半世紀前に植林されたスギ、ヒノキが「切りどき」を迎えており、伐採の仕事は引きも切らない。「山はいま宝であふれ、切るところはいくらでもある。若さを売りに、どんな現場でも木を切り出せるように備えたい」。変わりゆく林業を受け継ぐ若い芽が育ち始めている。


〈「緑の雇用」事業〉

林業の担い手を確保しようと、林野庁が〇三年度に始めた。新たな人材を研修生として雇用した森林組合や林業会社に三年間、一人当たり月九万円を交付。林業技術や現場管理の研修会も開く。同事業を活用し、一四年度までに全国で一万五二五八人、中国地方で一一八八人が新たに林業職に就いた。

潮駅周辺の桜並木に沿って広島県方面に向かう早朝の列車

季節の移ろいスケッチ③

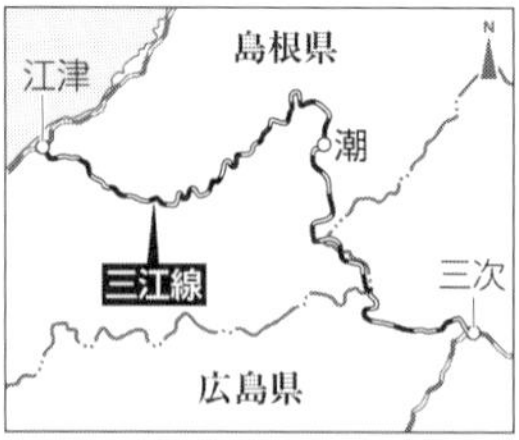

三江線の春
また乗りたい　輝く風景

中国山地を縫うように走るＪＲ三江《さんこう》線（一〇八・一キロ）。乗客の減少を理由にＪＲ西日本が廃止を検討しているが、桜や菜の花で春めいた車窓を楽しむ観光客でにぎわっている。春の訪れをカメラで追った。

列車は、中国山地を経て日本海に注ぎ込む江の川沿いを何度もカーブを描きながらくねくねと走る。春は臨時便も走り、週末になると普段は一両の車両が二両に増えるときも。島根県美郷町の潮《うしお》駅では、約一キロ続く桜並木が出迎える。四一年前の開通を祝い、地域の住民たちが植えて増やしていった。

水を張った田んぼに映る三江線。農作業は始まっている

散った桜の花びらがピンクのカーペットのようになった道を歩く乗客

通り過ぎる列車を見つけて手を振る子どもたち

廃止が検討されている三江線に向け、民家の2階の窓に張られた応援メッセージ

沿線の写真撮影や温泉を楽しんでもらおうと、バス会社の備北交通（広島県庄原市）が開いた日帰りツアー「三江線フォトトレイン　新桜編」に同乗した。車窓からは、ゆったりと流れる江の川が見下ろせる。参加者は沿線に住民や鉄道ファンの姿を見つけると大きく手を振っていた。

中国山地の庄原市比和町出身の大番悦子さん（六七）＝広島市南区＝は中学時代の同級生四人とツアーに参加した。三江線に乗ったのは約四〇年ぶり。「自然の景色に癒やされた。懐かしいので、また乗りたい」と窓の外を見つめていた。

沿道の人たちに車内から手を振る参加者

江の川の河川敷に色づいた菜の花。線路は川を見下ろすような高い位置を山に沿って走る

第６部　大合併を経て

中国山地の多くの町村が消滅した「平成の大合併」から10年余り。周辺部となった旧町村では人口減に加えて、学校や病院が縮小され地域の衰退は加速した。一方で、行政に頼らず、住民自治に力を入れる動きも芽生えている。大合併がもたらした地域の変化を追う。

（中国新聞掲載は2016年５月）

① 旧町の中学校　一人きり

がらんとした教室で、生徒と教諭がマンツーマンで向かい合う。山口県岩国市美川町の美川中は二〇一六年春、全校生徒が一人になった。旧美川町が岩国市と合併直後の〇六年度には二五人いたが、一七年春に休校の見込みだ。合併後の人口減の荒波は、旧町でただ一つの中学校でさえ存続を許さなかった。

「寂しくない。授業中は先生と話せるから」。最後の在校生、三年竹中康太さん（一四）は気丈に言う。一五年度は三年生八人と二年生三人の計一一人の在校生がいたが、三年生は卒業し、二人の同級生は生徒の多い学区外の中学に転校した。新たな入学者もいなかった。休憩時間に冗談が言える仲間はもういない。

〇六年の合併時、一六八八人を数えた旧美川町の人口は一六年四月現在で一一〇八人になった。合併前の一〇年間の減少率は二割だったが、合併後は三四％と減少ペースが加速。とりわけ〇～一四歳は三六人。この一〇年で六七％も減った。

「〇五年の水害の影響もあるが、子育て世代の町

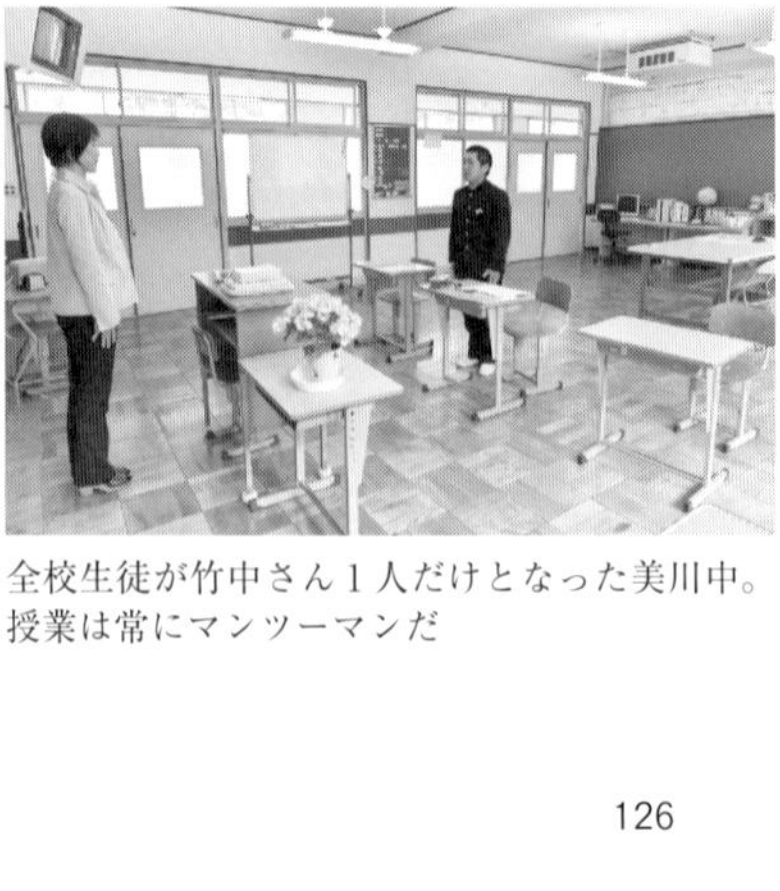

全校生徒が竹中さん１人だけとなった美川中。授業は常にマンツーマンだ

職員が市中心部に出たのも大きい」。合併当時の町長、田中英雄さん（七三）が申し訳なさそうに言う。

約六〇人の職員を抱えた町役場は、基幹産業の鉱山が一九九〇年代までに相次いで閉山して以降、町内で最大の雇用の場だった。志願時は町外に住んでいても、成績や人柄重視で採用。面接で町長自ら「町内に住む気があるか」と念押しし、採用後は町営住宅などに住まわせた。

しかし、合併後――。美川支所は機能が縮小され、職員は嘱託を含めて一二人になった。旧美川町を出て、便利な旧岩国市内に引っ越す職員が相次いだ。「合併後は『同じ岩国市内』だけに引き留めようがなかった」。田中元町長は振り返る。

五〇代の男性職員は合併直後、平地の乏しい美川で宅地が見つからなかったこともあり、旧岩国市内に家を建てた。「後ろ髪は引かれた。ただ、美川に残らないと気まずい雰囲気が薄らいだのは事実」。同様に旧美川町から転居した職員は、知るだけで七人いるという。

「同じ経済圏で、財政規模の大きい岩国市との合併に迷いはなかった」と元町議の片山原司市議（六五）。当時、広域合併に反対する町議は「職を失う議員が保身のために言っている」と批判にさらされた。片山さんはいまにして思う。「どのみち、合併は合理化。でも、同じ山間部の四町村で合併していれば、こんなに人は減らなかった」。

元町長の田中さんには、もう一つ気になることがある。合併後の一〇年間で、旧美川町在住の市職員は二人しか採用されていない。「地元の職員でないと大雨でどこが漬かりやすいかなど、地域の事情を細かく把握できない。このままで将来、災害に対応できるだろうか」。

〈平成の大合併〉

市町村合併特例法に基づき一九九九年に始まり、二〇〇五年前後にピークを迎えた市町村合併。国が財政的な優遇措置を講じて誘導した。九九年三月末に全国で三二三二あった市町村は、〇五年施行の新特例法が失効した一〇年三月末には一七二七に減った。中国地方でも三一八あった市町村が現在は一〇七に減少。小規模な中国山地の町村の多くが合併した。

②「病院充実」協定守られず

宿場町の面影を残す白壁の町並みに「病院を守ろう!!」と訴える看板が立つ。二〇〇四年に広島県府中市に編入合併した旧上下町にある府中北市民病院（旧上下病院）のことだ。合併後、医師やベッド数が減り続けるなか、住民有志が設置した。

一九四三年開設の同病院は内科や外科、整形外科などをもち、地域医療を支えてきた。編入合併のさい、町側には「経営優先で切り捨てられないか」との不安もあり合併協定に「安定運営と充実を図る」との文言を盛り込んだ。だが合併後、病院機能は縮小に向かう。

合併時に一一〇床あったベッド数は現在六〇床。常勤医は九人から三人に。「派遣元の大学の医師不足も一因だが、合併の影響も大きい」。名誉院長の横矢仁医師（六七）は指摘する。

市は合併前、公立病院をもっていなかったが、一二年四月、経営難に陥っていた民間のＪＡ府中総合病院を「府中市民病院」として継承。北市民病院と経営を統合すると、外科手術は原則として「府中」で実施するなど集約化を進めた。

府中北市民病院の機能を守ろうと、府中市上下町の一角に立てられた看板

このため、北市民病院からは一時期を除き、常勤の外科医がゼロに。救急患者の受け入れなどに影響が出た。ベッド数は経営統合後、市民病院が一五〇床を保つ一方、北市民病院は七〇床から六〇床に。実際には、医師不足のため四〇床前後しか稼働していない。

二病院はともに赤字が続く。市病院機構は「医師不足のなか、両病院の存続には統合しかなかった。市民病院から医師を派遣することで、北市民病院を診療所にしないですんでいる」と強調する。

だが、横矢名誉院長は「三〇キロ離れた上下と府中は医療圏が異なる」としたうえで指摘する。「二つの赤字病院があれば、人口が少ない方が割を食う」。合併前の府中市が約三万六千人に対し旧上下町は約五千人。周辺部の声が届きにくい合併の縮図があるとみる。

「病院を守ろう!!」の看板は、住民団体「地域医療を守る会」が立てた。メンバー一二一人は一二年、病院の経営統合は適切な医療を受ける権利を侵害しているとして広島県と府中市を相手に統合の取り消しなどを求めて広島地裁に提訴。二審まで原告が敗訴し、現在は最高裁に上告中だ。

一方で提訴直前、上下地区の町内会長一四人のうち九人が市を支持する声明文を市長たちに送り波紋を広げた。声明文に署名した市町内会連合会北部地区の西奥忠則会長（七四）は「人口の少ない上下でなにもかもそろう病院は無理」と割り切る。

「小さな町が、守る会派、行政にお任せ派、無関心派の三つに分裂した」と最後の上下町長を務めた梶田昌宏さん（七二）。「もはや、診療所にはしないという市長の言葉を信じるしかない」。町民が分断され、しこりも残るなか、処方箋を見いだせないでいる。

③ 細る財政優遇　市に痛手

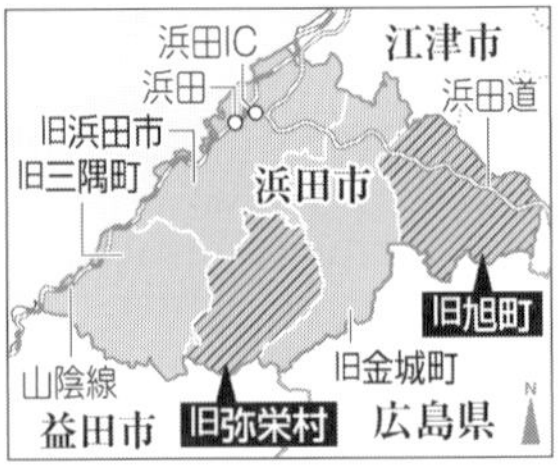

「合併で多くの似たような施設を引き継ぎ、維持管理に大きな経費がかかっている。地域に譲渡したい」。二〇一六年四月に島根県浜田市旭町であった会合。市旭支所の幹部が、市の集会施設を廃止して地元自治会に引き継ぐ方針を説明すると、新年度の顔合わせの和やかムードが一転、出席した自治会長たちの表情が険しくなった。

浜田市は、〇五年に五市町村が合併して誕生した。各市町村の公共施設を引き継いだ結果、住民一人当たりの床面積は全国平均の二倍に上る。この日、市が廃止を提案したのは、旧旭町が人口数百人の地区ごとに整備した「生活改善センター」。葬儀や神楽の練習、高齢者の集いなど幅広く使われてきた。

自治会長たちは、譲り受けても将来の改修や解体費が賄えないと案じる。「なぜいまなのか。郡部の切り捨てにならないか」。旭自治区地域協議会の岡本宏会長（七二）は遅れてやってきた合併の余波に首をかしげた。

浜田市が廃止方針を公表した集会施設の一つ、和田生活改善センター（奥中央）（浜田市旭町和田）

合併後一〇年以上たったいま、市が公共施設のリストラを急ぐのは、合併後一〇年間の特例で上乗せされていた地方交付税が、一六年度から減り始めたためだ。二一年度には約一四億円の減額となる見込みで、財政規模四〇〇億円の市には痛手だ。

「金の切れ目が行政サービスの切れ目では困る」。岡本さんたちの不満に、旭支所の田村邦磨所長はもどかしげに説明する。「町出身の職員として地元に配慮したいが、合併の優遇措置がなくなるなかで、本庁に言い返す材料がない」。

浜田市では、もう一つの「金の切れ目」も迫る。旧市町村からの持参金を元手に計七〇億円を積んだ「地域振興基金」。支所に一定のまちづくりの権限を与える独自の自治区制度のもと、支所の「財布」として重宝されてきたが、三月末の残高は約一五億円。自治区別では最多の弥栄でも五億円、金城は六千万円にまで減った。

自治区制度は今後四年間は残るが、二〇年度以降の扱いは決まっていない。廃止や縮小は避けられないとみる市幹部もいる。

廃止や縮小を見越し、各支所の職員は「残り少ない基金で将来につながる投資を」と知恵を絞る。弥栄支所は、野菜価格の下落時に農家に配る助成金といった「ばらまき」的な使い方をやめ、農産物の品質向上などに力を注ぐことにした。

食べ応えのある粒の大きな米を作るため、田んぼに入れる最適な堆肥の量を研究し、地域でノウハウを共有。同じ基準で米を栽培しブランド化を図る。「いずれ支所の企画部門がなくなることも想定し、農業振興を主体的に考える組織もつくっておきたい」と、弥栄支所産業振興係の岡田浄係長。自治区制度が保証されたここ四年間が勝負だと考えている。

④「市内一律」定住に逆風

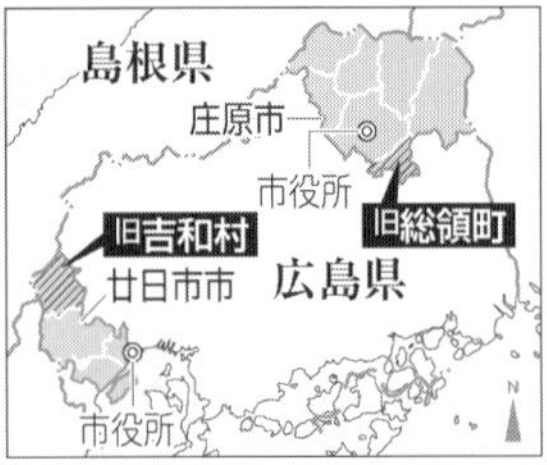

過疎の町に若者が定着できるようにと、合併前の広島県総領町が建てた定住住宅。同県庄原市に合併して一一年たったいま、空き家が目立ってきた。「合併前は入居の順番待ちで、空き家なんて考えられなかったのだが」。町職員出身で合併後に市総領支所長を務めた矢吹正直さん（六〇）は残念がる。

定住住宅は、町内の若者が結婚を機に庄原市や同県三次市に流出するのを食い止めようと、一九九四年から相次いで建設。町外からの転入者が出るほどに人気だった。入居者を引きつけたのは「二〇年間家賃減免」の制度。二階建て三ＤＫが三万円台で借りられた。

その後、町は二〇〇五年に庄原市と合併。二一年目以降の家賃の扱いは決めないままだった。結果、市は二二年目以降について減免制度は適用せず、市内一律の基準で家賃を定めた。いま三九軒のうち二割の八軒が空き家。「町の時代なら、減免制度の継続や、格安での払い下げなど住民を引

空き家が増えてきた庄原市総領町の定住住宅

き留める策を講じられたのだが」と矢吹さんは悔しがる。

定住住宅で一四年間暮らした会社員寺田雅晴さん（四二）は一五年春、三次市に移り住んだ。三万円台の家賃が一気に六万二千円に値上がりするのを見越して、子どもの進学もあり決断した。

総領では消防団などで深い付き合いも生まれ、町を離れれば迷惑をかけると迷ったが、家が古くなるのに家賃はほぼ二倍になることに合点がいかなかった。「家賃が同じならいまも住み続けていた。市のせいにはしたくないが、定住への考え方がわからない」。

矢吹さんは、旧総領町だけの優遇策を取りにくい市の立場も理解はしている。「同じ市内で人の奪い合いをしても仕方ない」。だが地元の総領小の児童数が減り、一六年春初めて複式学級ができたのを知るにつけ、思いは複雑だ。

中国地方で三一八あった市町村が一〇七に再編された平成の大合併。行政区域が広がり、旧市町村が課題に応じて独自に講じた施策は「公平性」の名のもとに廃止されるケースが目立つ。

高校生の通学で頭を悩ますのは、〇三年に広島県廿日市市に編入合併した旧吉和村。地元に高校はなく、約二五キロ離れた最寄りの佐伯高に通う民間バスの定期代は月二万七千円。合併前は村議の提案で定期代の九割補助があったが、合併四年後の〇七年度になくなった。他地域からの通学に廿日市市では補助がなく、整合がとれないという理由からだ。

吉和の会社員山田緑さん（五一）は二年前、長女が同校に進学したさいに補助制度がなくなったのを知り、合併の現実をかみしめた。「なんでも一律、と言われたら田舎には住めなくなる」。

一市四町村が合併し、中国山地から瀬戸内海までの広い市域を抱える廿日市市。山田さんは、地域の実情に応じた柔軟な支援策が必要と考えている。

⑤ 住民自治　明治の「村」復活

閉校した小学校で毎日、児童の歓声が響く。廃校舎を活用した島根県雲南市吉田町の民谷《みんだに》交流センター。二〇一四年に発足した自治組織が一六年四月、放課後児童教室を始めた。「家できょうだいだけで遊ぶより楽しい」。校庭で児童の笑い声がはじける。

民谷地区には五五世帯、一五六人が暮らす。平成の大合併で〇四年に雲南市となった旧吉田村のなかでも周辺部の山里にある。よりどころだった吉田小民谷分校が一二年に閉校となり、住民は「ここでなにもしなければ、ますます先細る」と奮起。吉田地区の自治組織から分離・独立し、民谷地区振興協議会を発足させた。

行政区域が広域化する時代の流れに逆行するかのように、明治の大合併で消えた「民谷村」の枠組みで住民自治を取り戻す新たな試み。「夢のある谷へ」と、交流センターに「夢民谷《むうみんだに》の楽校」の愛称も付けた。

「地域に無関心な人もいたが、独立後は少しでも協力したいという人が増えた」と協議会の岩田隆

廃校での放課後児童教室で遊ぶ民谷の子どもたち。住民自治の取り組みで、地域の拠点に歓声が戻った

福会長（七二）。毎朝、元気に暮らしている印として黄色い旗を軒先に掲げ、安否を確かめ合う運動に全世帯が参加するなど、独自の取り組みも始まった。「小さい地域で全員の顔と名前、性格までわかるから、合意形成が早い」と岩田会長は自信を深める。

放課後児童教室も、吉田地区は午後五時で終わるが、民谷は六時半まで。親のニーズに応え、かゆいところに手を差し伸べる。「分校の閉校後はバス通学になり、子どもが地域を歩かないのでなじみが薄れていた」と、世話役の一人、景山悦子さん（六七）。放課後教室で子どもと触れ合え、張り合いを感じている。

岩田会長は、分校で使う暖房用の薪を各家庭から持ち寄っていた一九六〇年代の記憶をたどり、いまと重ね合わせる。「行政がなにもかもしてくれるここ数十年は例外だったと思えば、やれることは自分たちでやろう、と思える」。世話役の掘り起こしを狙い、一六年度からは協議会の意思決定の場を、各地域の代表だけが参加する仕組みから、中学生以上ならだれでも出席できる総会方式に改めた。

放課後教室を始めて一週間後。協議会の運営に携わる集落支援員の原真佐子さん（四五）は吉田地区の知人からうれしい話を聞いた。子どもが『ムーミン谷』の放課後教室に行くには、民谷に住めばいいの」と尋ねてきたという。子ども同士の口コミで評判が伝わったらしい。

「移住者を受け入れるにしても、まずは住民が地域に自信をもち、楽しく過ごしていることを発信できるようになればいい」と原さん。手探りで始まった住民自治が、少しずつ地域を変えつつあると感じている。

第７部　地域おこし協力隊

よそ者、若者の視点で過疎地を元気に――。「地方創生」を掲げる国の旗振りで、過疎地をサポートする地域おこし協力隊が中国山地でも増えている。都市部から移住し、特産品づくりや農林業支援などさまざまな分野で活動。過疎地の現実に向き合い、奮闘を続ける。協力隊を通して地域の魅力や課題を見つめる。

（中国新聞掲載は 2016 年５月）

㊤ よそ者と地元　温度差

かつて一〇〇軒を超えた店舗が十数軒となり、昼間でも人通りが乏しい。広島県安芸太田町加計《かけ》の加計商店街。「風穴をあけてほしいと言いながら自分たちのスタイルは変えようとしない。価値観がこんなに内向きとは」。商店街の活性化を支援する地域おこし協力隊員加藤宏さん（四一）が本音を明かす。

香港で映画に出演したり東京で演技指導の仕事をしたりと都会人ならではのキャリアをもつ加藤さん。広島県三原市出身の妻が県内へのUターンを望んでいたこともあり、町の募集に応じて二〇一五年四月に協力隊員になった。

初めての過疎地暮らしは驚きの連続だった。商店街や商工会の会議では六〇～七〇代ばかりが発言。若い人の意見は少ない。地域おこしは行政の補助金ありきで話が進む。「加計より戸河内の方が予算が多い」など旧町村意識も根強い。

「考え方が古い」「補助金頼みはやめよう」。会議で加藤さんは言い続ける。QRコードを使った情報発信やフリーペーパー創刊など具体的な提案も

町商工会の若手と話しながら加計商店街を歩く加藤さん（中）

した。ただ、「この町にはこの町のやり方がある」と言われ、賛同者はなかなか広がらない。町の担当者と怒鳴り合いになったこともある。

最も必要と感じるのは、新たな感覚をもつ若手リーダーの育成。そのためにも有志が集い、語り合う拠点が欲しい。空き店舗を探すが、「背中を押してくれる年配の人がいない」と嘆く。

「熱い思いをもって来たものの、地元から『いまの生活を維持できたらいいよ』と言われ、肩透かしを食らう。加藤さんのようなケースは多い」。協力隊員を三年務め、一五年五月に町内で農家レストランを開いた奥田圭佑さん（三三）は地元と協力隊の温度差を指摘する。

地域おこしを盛り上げるとともに、地元への定住も期待される協力隊。町はこの五年で計二二人を採用したが、任期満了などで活動を終えた一〇人のうち、定住したのは奥田さんだけだ。

加藤さんの「理解者」を自任する町商工会理事の波佐本栄二さん（五六）は「出るくいは打たれる体質のまち」と認めつつ、「都会のやり方を押し付けるだけでは難しい。お互いに妥協点を見つけ、温度差を埋めていきたい」と強調する。

「地元の価値観に染まるつもりはない」。加藤さんは「外の目」をもつ協力隊として一線を画すが、「自分も聞く耳をもたないといけない。お互いに努力できれば」と話す。住民の意識が変わらなければ地域おこしは進まない。加計暮らしは二年目に入った。

〈地域おこし協力隊〉

都市住民が過疎地に移住し地域おこしや農林業、住民の暮らしを支援する。活動期間は最長三年。定住を促す狙いもあり、総務省が〇九年度に導入。隊員は各自治体が採用し、国は人件費や活動費として一人当たり年四〇〇万円を上限に財政支援する。昨年度は全国で二六二五人が活動。国は一六年度、三千人への拡充を目指している。

《特集》地域おこし協力隊
若い力、山村で奮闘

過疎地の地域づくりや農林業を支援しようと、都市から移り住んだ地域おこし協力隊が中国山地で奮闘を続けている。地元にはない視点や若さを生かし、農山村を活気づけることができるか。地元には「定住してほしい」との思いも強く、期待は高まっている。

棚田カフェ　里山伝えたい

広島県安芸太田町　友松裕希さん（二七）

水を張った棚田が日光を浴びてキラキラ輝く。国の「日本の棚田百選」に選ばれている安芸太田町の井仁の棚田。「多くの人がここの良さを感じてもらえる場所に」。一年前から棚田の保全とPRを担う友松さんは、空き家を改修してカフェやゲストハウスを開きたいと意気込む。

田植えが進む井仁の棚田の近くで、河野さんにカフェへの思いを語る友松さん

四季折々、美しい姿を見せる棚田。行楽客やカメラマンが訪れるが、お茶を飲んだり地元産品を売ったりする場所がない。ピークで二〇〇人いた住民は約五〇人に減り、空き家も増える。「空き家でカフェを開き、米や野菜を売りたい」。一級

建築士でもある同じ協力隊員小西俊二さん（六一）の助けも受け、構想を練る。

「ここの風景と文化を次世代に残したい。外の人の知識と経験で活性化できれば」と地元の農業河野司さん（七〇）。会社員としてパソコンに向かう日々に見切りをつけ、農村に飛び込んできた熊本出身の友松さんに期待する。

「外の知恵」でリンゴ商品

広島県庄原市高野町　元隊員　檀上理恵さん（四三）

二〇一三年四月の開業以来、人気が続く高野町の「道の駅たかの」。特産のリンゴをラベルにあしらったジャムを檀上さんが棚に並べる。協力隊員時代、生産者と一緒にデザインを考えた思い出の商品をいとおしそうに見つめる。

開業するまでの一年半、協力隊員として開店準備を支援。リンゴの加工品や漬物の商品化など約九〇品の開発に関わった。「懐に飛び込み、地元にはない考え方で、いいもの、悪いものをきちんと言える」と根波裕治駅長（六〇）。商品の価格設定でも意見を参考にした。

働きぶりが評価され、開業に合わせて道の駅の運営会社に入る。観光コンシェルジュとしてイベントや新商品のＰＲを担当する。

広島県尾道市の実家のミカン農園は、一九九一年からのオレンジ輸入自由化で閉鎖された。「高野はまだまだ楽しくなる。これからは生産者にも

ラベルのデザインを提案したリンゴのジャムを並べる檀上さん

なれたら」。地域を守りたいとの思いは強い。

要望に応え草刈りの日々

島根県美郷町　上垣内行彦さん（三四）

ブイイーン、ブイイーン。草刈り機のエンジン音を響かせながら、美郷町君谷地区の斜面に生い茂った雑草を上垣内さんが刈っていく。「夏の猛暑日はすぐにへばってしまう。朝早く出ても二時間で限界」。

手慣れた手つきでのり面の草を刈る上垣内さん

着任は一年半前。住民の生活支援と養蜂が担当だった。草刈りと農作業の手伝いを求める住民が多く、養蜂には手が回らない。町の担当者からは「草刈りだけで終わったらだめだ」とも言われるが「君谷地区は高齢で草刈りをできない農家が多い。住民の意識もニーズも地域で違う」と話し、住民からの依頼があれば草刈りに出かける。

広島県府中町出身。県内のスーパーで青果担当をするうちに農業に興味が湧いた。田舎暮らしへの憧れも背中を押した。ただ、二〇一六年度は協力隊員を続けるが、その後は決めていない。協力隊員がやりたいことに集中できる態勢づくりが課題だと感じている。

和紙に夢中　世界見据える

山口市徳地　船瀬春香さん（四三）

自らがすいた和紙を光にかざし、仕上がりを確認する。「まだまだ上手にできないけど、木の繊維を美しい紙に仕上げる先人の知恵と技を学べることに喜びを感じる」。船瀬さんは八〇〇年以上の歴史をもつ徳地和紙の技術継承を目指す。

かつて高級紙として知られた徳地和紙。一九五〇年代に約一〇〇戸が農閑期の副業として生産していたが安い洋紙に押され、職人は二人だけになった。再興を目指す地元有志がつくった振興会の門をくぐり、和紙づくりに励む日々を送る。

東京都出身。徳地に来る前は、途上国の産品を日本の市場に紹介する仕事をしていた。着任から間もなく一年。和紙作りに触れてもらうイベントも企画するようになった。「ただ作って売るのではなく、和紙の歴史や工程を丸ごと伝えられる体験メニューも考えたい」。徳地と全国、世界をつなぐ役割を担いたいとの目標を見据えている。

すいた和紙の出来栄えを確認する船瀬さん

五四市町村に三四七人
退任後三六%が定住

中国地方五県と兵庫県にまたがる中国山地の六九市町村で、二〇一五年度に活動した地域おこし協力隊員は五四市町村で計三四七人に上る。総務省が制度を創設した〇九年度は八人だったが、年々増加している。

六九市町村のうち、八割の五四市町村が協力隊を採用。県別では島根の一二〇人を筆頭に、岡山九三人▽鳥取六二人▽広島四三人▽山口一七人▽兵庫一二人——の順だった。市町村別で最も多いのは島根県津和野町の三三人。同県美郷町二九人▽同県邑南町二二人▽岡山県新見市一八人——と続く。

任期満了（最長三年）や途中離脱して活動を終

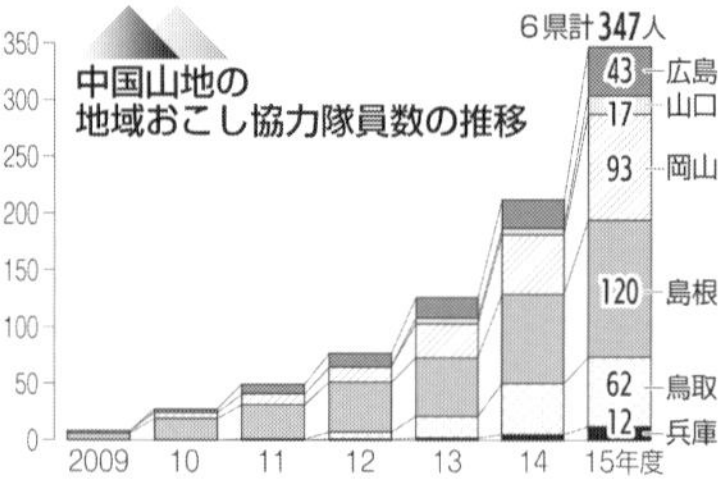

えた元隊員がいるのは三六市町村。うち三五市町村が元隊員の動向を把握していた。元隊員計一八八人のうち、二二市町村の六九人（三六・七％）が退任後も同じ市町村に定住しているという。県別では広島一二人（四一・四％）▽山口二人（四〇・〇％）▽岡山一八人（五二・九％）▽島根二五人（二九・八％）▽鳥取九人（二九・〇％）▽兵庫三人（六〇・〇％）――だった。

一方で、定住者がいないケースも一二市町あった。地域になじめなかったり、自治体の対応に不満を募らせたりしてやめる人も少なくない。津和野町は動向を把握していない。

岡山県内で協力隊員だった男性（四五）は、高齢者の健康相談や運動指導などを中心に活動していたが、二年で退任した。「自由に活動していいと言われていたのに、農業や特産品開発など成果が見えやすい事業をするように求められ、行政への不信感が増した」と指摘している。

元三次市隊員　弘前大の野口拓郎助教
失敗例・役割の検証必要

中国山地をはじめ全国各地で増加する地域おこし協力隊。その活力を過疎地の活性化にどうつなげていくのか。広島県三次市で協力隊員の経験があり、現在は

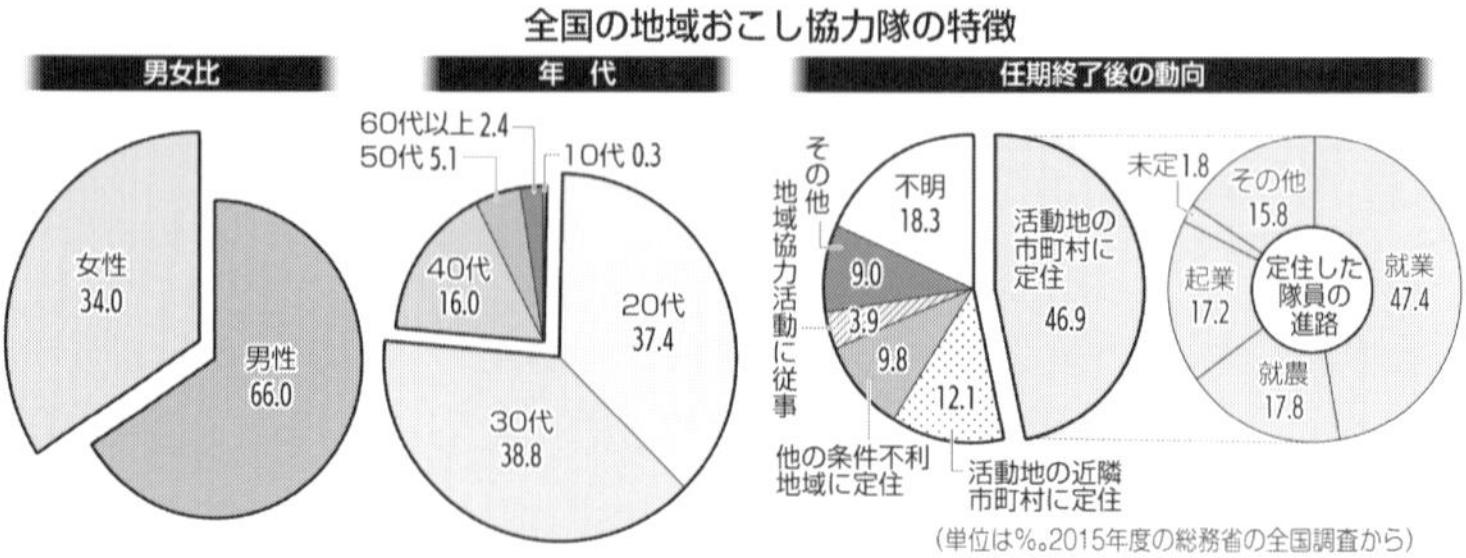

（単位は％。2015年度の総務省の全国調査から）

青森県内で地域づくりの人材育成を担っている弘前大の野口拓郎助教（三〇）に聞いた。

――協力隊の現状をどうみますか。

全国的に増えているが、都道府県でむらがある。中国地方はすごい勢いで増える一方、青森を含めた北東北はこれからという感じ。中四国、九州では過疎地に目を向ける流れが強い。

――二〇人以上隊員がいる自治体もあります。

協力隊を募集する自治体が増え、人材不足のような状況になっている。気になるのは、観光PRや移住コーディネーターなど、本来は自治体の職員がやるべき仕事を協力隊にさせているケース。市町村合併で人員削減が進み、マンパワー不足を協力隊で補う自治体が全国でみられる。

――協力隊員はどういう役割を担うべきでしょう。

いろいろ経験してきたよそ者だからこそできる仕事をするべきだ。地域の人は定住を望み、国が掲げる起業や定住が実現できれば素晴らしい。ただ、地域の自治の力を上げていくことも大事な役割だ。若い隊員が入ることで、地元の若者が触発されて地域づくりに関心をもってくる。住民自治組織が活発な広島県北によそ者が入り、活動がさらに前に進むこともあり得る。

――中国山地の協力隊員の定着率は三六・七％です。この数字をどうみますか。

もう少し高くてもいいのかなと思う。やめたら、また入れたらいいという自治体がけっこう多い。なぜ定着しなかったのか、自治体が客観的にしっかりと反省することが大事だ。大学など外部人材を招いて分析するのもいい。そうすれば定着率はもう少し上がると思う。

《プロフィル》のぐち・たくろう　茨城県つくば市出身。日本大大学院を修了後、二〇一一年に三次市の地域おこし協力隊員となり、同市川西地区で若者の地域づくりを支援した。島根県中山間地域研究センターのスタッフを経て一五年四月から現職。

㊥ 任期後　自立の道険し

「地域の人に残ってほしいとよく言われる。どう答えたらいいのか」。広島県庄原市東城町の地域おこし協力隊の門野淳記さん（二五）が寂しそうな表情を浮かべる。任期は残り一年を切った。東城にとどまりたい気持ちは募るが、任期終了後の進路はまだ見えない。「ここで暮らしますよ」と言い切れないのがもどかしい。

広島市安佐北区出身。山口市の山口県立大在学中に山間部の特産品開発や広報紙づくりに携わり、山や林業に興味が湧いた。見知らぬ土地で自分の力を試したいと、卒業後すぐに東城町で協力隊員になった。山の資源で地域経済を活性化させようと、間伐などで出た小さな木を地域通貨で買い取る「東城木の駅プロジェクト」の事務局を担う。

二〇一四年四月の着任以降、木を出荷してくれる人や、地域通貨を利用できる店舗の掘り起こしに奔走。この二年で山主も加盟店も一・三倍に増えた。「頑張りが数字として表われている」と自負する。

任期は最長三年で、一七年三月に失職する。市

木の駅に出荷されたヒノキをチェックする門野さん。やりがいを感じつつも将来への不安は募る

から支給される月額一八万円の給与はなくなる。「あっという間に二年がたった。見通しが甘いようだけど、忙しくて任期後のことを考えられなかった」と明かす。

市は、定住意欲のある人を採用してきたが、自立に向けたフォローはしていない。市いちばんづくり課の島田虎往課長は「本人任せにしていた。今後は隊員の意向を聞いて支援体制を充実させたい」と話す。

中国新聞の調査では、これまでに中国山地で活動を終えた協力隊員のうち、任地の市町村に定住した割合は三六％だった。生活するための仕事を見つけられるかどうかが分かれ道となる。

一六年三月に広島県神石高原町で任期を終えた横浜市出身の小埜《おの》洋平さん（二五）が定住した。ただ、定収入はなく、試行錯誤の毎日だ。

隊員だった当時、同町小野地区で都市住民を招いたイベントや学生グループとの交流事業に力を入れた。ゆったりとした生活のリズムが合い、住民との関係も良好だった。一五年四月に同県安芸太田町の協力隊員だった女性と結婚。小野地区の古民家を購入し、年末には長男が誕生した。

空き家を管理して手数料を得たり、協力隊員の研修などをする会社を設立したりと、起業の道を探っているが、いまはほぼ無収入。近所の人が野菜を分けてくれるものの、貯金を切り崩し、日々をつなぐ。

「地縁のない若者が過疎集落で暮らしていけるかの試金石になる。なんとか生活のめどをつけたい」。今後は地元の農家から特産のコンニャクやトマト栽培を学び、農業を柱に自立の道を探る。

㊦「山くじら」託され発奮

「山くじら缶詰製造加工場」。聞き慣れない名前の看板が、島根県美郷《みさと》町乙原《おんばら》の建物に掛かる。製造するのは、かつて山間部で「山くじら」と呼ばれたイノシシの肉の缶詰。地域おこし協力隊の取り組みをきっかけに二〇一六年三月から東京で販売されている新商品だ。

　事業を担うのは、二年前から協力隊を務める森田朱音さん（三三）長浜世奈さん（二五）波多野一輝さん（三〇）の若者三人。各地の隊員が集まる研修会などで成功例として紹介される。森田さんは「地元の人から、任せるからやってみろと言われた。すごくありがたかった」と強調する。

イノシシ肉の販路拡大でタッグを組む左から長浜さん、品川組合長、森田さん、波多野さん

　イノシシ肉の販売はもともと、町内の猟師約六〇人が一二年前に結成した「おおち山くじら生産者組合」が手がけてきた。農地を荒らすイノシシをわなで捕らえ、生きたまま処理場に運んで解体、精肉。真空パックにし、県内を中心に広島、東京方面にも出荷していた。

　年間四〇〇頭を捕り、売り上げは年間五〇〇万～八〇〇万円。専従の職員を雇うには至らず、メンバーの大半が六〇～七〇代と高齢化。事業継続への不安も出ていた。地元から「協力隊に来てもらい事業を拡大できないか」という声が上がり、組合側も事業を譲ることを前提に受け入れを決めた。

「すべてを託すくらいでないと若い人はこない。事業を大きくするには自分たちでは無理かなあという思いもあった」。生産者組合の品川光広組合長（五九）は、重い決断を振り返る。

取引先の食肉販売会社（東京）を通じて、狩猟や田畑の獣害に関心をもつ森田さんたちに声がかかり、東京などから三人が移住。波多野さんがイノシシの搬送と解体、女性二人が販売、営業や企画を担い、事業拡大を図ってきた。

ソーセージや缶詰などの新商品も開発し、マスコミにも取り上げられた。販路は約一〇〇店に倍増し、一五年の売り上げは一千万円を突破した。

協力隊の任期が終わる一七年春以降が正念場となる。町が支給する月額一六万円の給与はなくなるため、事業を引き継ぐ新会社を立ち上げる予定だ。売り上げ目標の最低ラインは、三人の給与を確保できる年間二千万円。東京を中心に缶詰の引き合いが好調で、森田さんは「達成できる」と踏む。

「ほんまにできるんかなと思ったが、意欲的に動くし、売り上げは上がるし、すごい。定住して、山くじらの名前を残してほしい」と品川組合長。三人も定住への意気込みを示し、福岡市出身の森田さんは「親が死んでも、帰らないくらいの覚悟はある」と語る。

手塩にかけた事業を託す「身を切る覚悟」で臨んだ地元と、定住して新たな感覚で地域の資源に磨きをかける協力隊員。両者の連携で美郷町ならではのなりわいの芽が膨らんでいる。

季節の移ろいスケッチ④

初夏の寺領（広島県安芸太田町）

緑　まばゆく色を競う

初夏を迎えた広島県安芸太田町の寺領《じりょう》地区。あちこちで田植えが始まり、農村に緑が広がる季節がやってきた。

水が張られた田んぼでは、小さな子どもたちの声が響く。連休を利用して帰省した住民の子ども世代が、孫といっしょに田植えをする光景が見られた。まさに家族総出での農作業。青空の下、泥だらけになりながら稲を植えていた。

田植えとともに、周辺の草刈りが始まる。青々とした柿の木の下で伸び放題だった草が刈られ、あぜもきれいに整えられていく。近くでは山菜も採れ、漬物に加工される。

農作業の始まりとともに、Uターンした若手もいる。河本陽一さん（四二）だ。「のんびりとした暮らしが合っている」と、関東から親元へ帰った。農業を手伝いながらIT関連の仕事もするという。毎夕の犬の散歩も受け継いだ。

植えられた稲も少しずつ伸び、緑も色濃さを増してきた。秋の収穫が待ち遠しい。

おじいちゃんの田植えをお手伝い――。はだしで泥に入った小学生が楽しそうな声を上げた

緑の葉がついた柿の木を見ながら毎夕の散歩。先月末にUターンして引き継いだ

水田に少しずつ稲が植えられていく

柿の木の下に伸びていた草を機械で刈る住民。雑草に栄養を取られないようにする大切な作業だ

フキを切って茎だけを集めていく住民。近くの加工場で皮をむいて漬物にする

アイガモを水田に放す準備を進める親子。若鳥が雑草や虫を食べ、稲も鳥も育つという

道ばたに咲いたアヤメが緑のなかで映える

第８部　新しい風

田舎暮らしへの関心が高まるなか、中国山地でも都会から移り住む人が増えている。新天地での生活にチャレンジする若い世代が目立つ。地域づくりの活力を取り戻した過疎集落もあり、自治体は移住者の呼び込みに力を入れる。新しい風が吹き込む中国山地のいまを追う。

（中国新聞掲載は 2016 年５～６月）

① 子育て世帯の移住続々

青空が広がる爽やかな朝を迎えた午前七時二〇分。広島県北広島町吉木地区の山田集落に暮らす峠一平さん（三二）の自宅前に一台のワゴン車が到着した。「行ってきます」。長男颯太《そうた》君（六）が手を振って乗り込む。約五キロ先の豊平小に向かうスクールバスだ。

　バスが走り始めたのは二〇一六年四月。山田集落をはじめ奥まった山里の小さな三集落に一〇年以降、子育て世代の三家族が転入した。三人だった児童・生徒は七人になり、五年後には一三人に増える見込み。地元の要望を受けて、町教委が運行に踏み切った。

スクールバスに乗り込む颯太君（左端）を見送る峠さん一家

　峠さんは一六年三月末に引っ越してきた。広島市中区で美容室を経営していたが、二年前にボランティアでカンボジアを訪問。現地のスローな生活ぶりに感化され、田舎暮らしに憧れた。北広島町の空き家バンクで見つけた築一〇九年の古民家を二〇〇万円で買い、移り住んだ。

「周りに家がなく、緑に囲まれ、昔話に出てくるような雰囲気が良かった」。峠さんはいまも高速バスに乗り、約一時間かけて中区の美容室に通っている。

自然は豊かだが、人口は減り、空き家も増える。吉木地区は中国山地ならどこにでもある過疎のムラ。そこに若い三家族が次々に入ってきた。地元の自治会や町が呼び込んだわけではない。三世帯とも吉木とのつながりはなく、知人でもない。農家、教員、美容師。職業はさまざまで、田舎に住みたくて移ってきた。

近くの集落には東京から生け花作家が転居し、酪農家もUターン。七月には別の若夫婦も越してくる。いずれも子育て真っ最中だ。

一三集落からなり、約三〇〇人が暮らす吉木地区の高齢化率は四四％。「移住者が多い理由はわからん。でも、年寄りばかりなので若者が来るのは大歓迎」。吉木自治会の今田寿之会長（七五）は笑顔で語る。

地方移住の相談に当たるNPO法人「ふるさと回帰支援センター」（東京）によると、一五年度の相談件数は二万一五八四件。五年前の三倍を超す。非正規雇用の多くが職を失った〇八年のリーマン・ショックで若者移住が増え、一一年の東日本大震災以降は子育て世代に拡大。相談者の三分の二を二〇～四〇代が占める。

吉木地区では、約一〇年前から途絶えていた秋祭りのみこしや正月のとんどを復活させる動きが出ている。地元主催で移住者の歓迎会も開く。「吉木でなにかをしたいと若い人が入ってくる。都会に出て行った吉木の出身者が、少しでも古里を見直してくれんかのう」。今田会長はそんな期待を抱いている。

《特集》夢を求めて
若者たちの田園回帰

（広島県北広島町・吉木地区）

「ここには何もないよ」と住民が語る山里に、若者たちが新たな暮らしを求めて移り住んでくる。

こだわりの野菜作りをしようと移住してきた若田さん（左端）。結香さんと結婚し、2人の男の子が生まれた

「田園回帰」とも評される動きが中国山地でも活発になってきた。移住者たちは何に引き寄せられているのか。子育て世帯が次々に移り住み、新たにスクールバスまで走り始めた広島県北広島町の吉木地区を舞台に、その背景を探る。

＊

農を担う先駆者

吉木地区の移住者を語るうえで外せないのが広島県熊野町出身の若田博さん（三七）。二〇一〇年三月、最初に移住してきた先駆者だ。

東京農業大の卒業を控えた若田さんは当時、県内で農業を始めようと、自治体の空き家バンクをネットで検索。田畑とセットで売り出していた吉木地区の空き家を見つけた。ただ、知人はなく、どんな地域かわからない。少し様子を見ようと賃貸で契約し、移り住んだ。

目指していたのは、農薬や化学肥料を使わない野菜栽培。一年目は土壌改良に追われ、収穫はほとんどなかった。近所のおばあさんが「食べんさい」と野菜を持ってきてくれた。

「干渉し過ぎず、でも放ってもおかれない。ちょうどいい距離感でつき合ってもらえた」。定住することを決断し、家と農地を購入した。翌年には学生時代から交際していた横浜市出身の結香さん（二九）と結婚、男の子二人が生まれた。

自治会や消防団に入り、地域の活動にも参加する。近くの山田フミヱさん（八四）は「どんな人が来るのかと思っていたが、いい人でよかった。年寄りばかりの集落の世話もよくしてくれる」と喜ぶ。

若田さんは青年海外協力隊員としてボリビアに二年滞在し、農業の普及に取り組んだ経験がある。「ちょっと田舎でも、家や農地が安いところを探していた。高齢化して子どもが少ない集落に自分が入り、地域が変わっていけばいいなという思いがあった」。

若い就農者に対して国が五年間、最高で年一五〇万円を出す青年就農給付金は一五年でなくなり、ことしは自立の年となる。旬の野菜を詰めて直送する「野菜セット」の販路が広がり、生活のめども立ちつつある。「農業をしようと入ってくる人が少ない。もっと仲間が欲しい」。ともに地域の農業を背負っていく移住者を心待ちにしている。

景色ひとめぼれ

「この景色にひとめぼれしたんですよ」。一年前

里山と棚田に囲まれた家（奥右）で暮らす山下さん一家。森のようちえんを開くのが目標だ

に移住してきた山下真矢さん（三〇）は、家の周りに広がる新緑の里山と水を張った棚田を満面の笑みで見渡す。

　町内の小学校で教員をしている山下さんが目指しているのは「森のようちえん」。自宅の離れを園舎に、田んぼ、裏山全部がフィールドとなる。「アップダウンがあって足腰も鍛えられますよ」。花の栽培農家や山菜に詳しいおばあちゃんたちが協力を約束してくれる。元教員の妻あかりさん（三一）とも思いを共有する。

　広島市佐伯区湯来町出身の山下さんと広島県安芸太田町出身のあかりさん。結婚した二〇一二年は二人とも神奈川県横須賀市で教員をしていた。「いつか田舎に住みたいね」。帰省して広島県北部をドライブ中、自然豊かな北広島町の雰囲気に魅了された。一三年に同町戸谷地区の町営住宅に転居。「森のようちえん」の適地を探すなかで若田さんと知り合いになり、いまの家を教えてもらった。

　広島市安佐北区の中心・可部地区まで車で三〇分、市中心部にも一時間で行ける立地は強みだ。「子どもに自然との触れ合いをさせたいと望む都市部の人にも利用しやすい」。さらなる移住者を呼び込むきっかけにしたいと考えている。

さらなる仲間入り

　近く新たな移住者がやってくる。広島市西区の

広島市西区の自宅の工房で談笑する山本さん夫婦。吉木の新居でも彫金や革細工作りを続ける

革細工職人の山本啓太さん（三四）は、空き家を自宅兼工房に改装。今月生まれた長男天晴《てんせい》ちゃんを連れて、家族三人で越してくる。

　彫金作家の妻佳恵さん（三五）の両親が北広島町でカフェを経営。その手伝いで町を訪れる機会が多く、知人から空き家を紹介された。子育てを考えると児童数が減る小学校のことが心配だったが、若い世代の移住が続いていると知って安心した。

　土のうを積み上げて家にする「アースバッグハウス」をカフェの近くに造り、都市と地元の交流拠点にする計画をもつ。「田舎でのんびり暮らしたいからではなくて、田舎でないとできないことをやりたいから移住する。自分の周りにはそんな人が多い」。

生け花と生きる

　二〇一一年の東日本大震災を機に移住してきた人もいる。生け花作家の羽鳥智裕さん（三七）は東京から広島に移り、一家四人で吉木暮らしを楽しんでいる。

家の前の田んぼで生け花をする羽鳥さん。作品は「鋼鉄の花」と名づけた

「田舎で子育てをしたい」との思いがあった。震災が背中を押してくれた。放射線の影響を案じる広島出身の友人家族とともに広島市に転居。別の知人の紹介で北広島町の今吉田地区で暮らしたあと、一年半前に吉木に移った。いまは広島市安佐南区の障害者施設の支援員となり、芸術活動の指導も担う。

　自宅の周りには生け花の材料がいくらでもあり、散歩するのが楽しい。家の前の田んぼで今月中旬、生け花アートを作った。ワイヤで組んだ花器にササを生け、「鋼鉄の花」と名づけた。創作意欲は増している。

スローに憧れて

田舎でスローな暮らしを――。広島市の中心部で美容室を経営する峠一平さん（三二）は、同市安佐南区から移ってきた。

木目を基調にした納屋のリビングでだんらんを楽しむ峠さん一家

きっかけとなったのは二年前、ボランティアで訪れたカンボジアの美容室。髪を切るわけでもなく、店に来ては雑談して帰る人たちの姿があった。地域のサロンとしてにぎわっていた。「お金目的になり過ぎていた。店を大きくするのではなく、小さくても充実させるのが大事」。帰国後は店を縮小、空き家バンクで移住先を探し始めた。

吉木地区の古民家を購入した。母屋が傾いていたため、納屋を改修して家族五人で引っ越した。庭先の畑で野菜作りも始めた。子どもはカエルを捕ったり、川で釣りをしたりと野外で遊び、以前よりよく食べ、よく寝るようになった。

妻の優さん（三二）も美容師として働いている。母屋を改修して美容室を開き、地域のサロンにしたいと、ともに思う。峠さんは高速バスで広島に通勤する日々だが、仕事の軸足は徐々に吉木に移したいという。「カフェとか民泊をやろうという話もある。外国人観光客も来るんじゃないかな」。

Uターン酪農家

新住民は町外からのIターンだけではない。三戸伸也さん（三四）は二〇一五年八月、妻の佐知子さん（三六）ら家族五人で古里にUターンし、家業の酪農を継いでいる。

父の保さん（六九）から「あとを継いで」と言われたことはない。「仕事はしんどいし、休みも少ない。ただ、地元で働くのはやりがいがあるし、顔を知っている者が多く安心できる」。広島修道大経済科学部の四年生のときにあとを継ぐと決意した。島根県大田市の牧場で働いて経験を積み、戻ってきた。

子を育てる親としては地域に子どもが少ないのは気掛かりだったが、同じ世代の移住者が増えてきて不安は消えた。「縁もゆかりもない人が吉木に入り、好きになってくれる。誇らしくもある」。目標に向かって行動する移住者の姿に「いまの時代、なんでもできるのが田舎なのかも」と感じる。

Uターンして酪農を継いだ三戸さん（左）。佐知子さんと３人の子を育てる

なぜ移住続く？
残る田舎らしさ／空き家バンク奏功

なぜ吉木地区に子育て世代の移住が続いているのか――。北広島町の担当者たちに見方を聞いた。

約三〇〇人が暮らす吉木地区のなかでも、山田集落や簾《すだれ》集落など少し山里に入った地域への移住が目立つ。郷土史に詳しい千代田中央公民館（同町）の金田道紀館長は「いずれも山の中にありきれいな水が流れて棚田がある集落」と表現する。

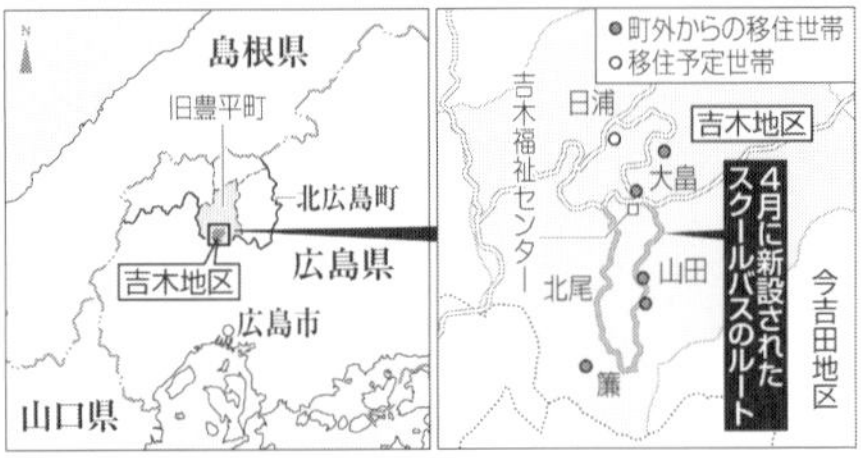

「道が入り組んで不便な地域だが、変に開発されず、昔ながらの田舎らしさが残っている。そういう環境が好まれているのだろうか」と分析する。

町は、空き家バンクへの登録も一因とみる。ここ数年、吉木地区の農地つきの空き家物件がポッポッと売りに出され、二〇一五年度は四、五件が登録されていた。価格帯は三〇〇〇万～五〇〇〇万円

若い移住者が相次いでいる吉木地区。狭い山あいに棚田が連なり、民家が点在する。中国山地によくある農山村だ

が中心で、物件数は他地区よりも多かったという。

いまは空き家でも「盆と正月には帰省する」「家財道具が置いてあるから」などを理由に売りには出さない家主も多いが、町企画課の近藤貞治地域振興係長は「『あそこが売れたらしいから、うちも出してみよう』となって、移住者ニーズに合う物件が相次いで出たのでは」とみる。

バンクを通じて空き家を峠一平さんに売った大阪市港区の上野春夫さん（六九）は「母が亡くなって約二〇年間、空き家の管理のために年五、六

回帰郷していたが、交通費が年八〇万円かかり、年を取って管理もできなくなる」と説明。「集落には若い移住者も入っていたし、若い人に託した方がにぎやかになると思い、三年前くらいにバンクに登録した」と話していた。

中国地方　増える移住者

「田園回帰」への関心が高まるなか、中国五県でも県外から転入してくる移住者が増えている。

広島県は県や市町の窓口を通じて移住した世帯数を調査している。二〇一五年度は一〇九世帯。四四世帯だった一〇年度の二・五倍に増えた。一三年度から統計を取っている岡山県でも一五年度は一八五四人で、前年度より一一七人増えた。

移住者が最も多いのは島根県。従来、市町村などの支援を受けて県外から来た移住者を調査してきたが、一五年度から統計方法を変更した。全市町村で転入者にアンケートを実施し、五年以上住む予定があると答えた人を「移住者」と定義した。結果、県外からの移住者は四二五二人で、一四年度の八七三人から大幅に増えた。Uターンが全体の六五％を占めているという。

鳥取県によると、一五年度の移住者は一九四三人。六〇七人だった一〇年度の三倍を超えている。山口県は移住者のデータを把握していない。

中国地方への移住者・世帯数

年度	広島県	山口県	岡山県	島根県	鳥取県
2010	44世帯	―	―	439人	607人
11	50世帯	―	―	603人	504人
12	60世帯	―	―	564人	706人
13	50世帯	―	714人	575人	962人
14	68世帯	―	1737人	873人	1246人
15	109世帯	―	1854人	4252人	1943人

※―は未把握。岡山県の2013年度は岡山市分を除く

吉木自治会の今田寿之会長
吉木を好きになってくれる人を、温かく迎えたい

子育て世代が増えた吉木地区は活気が戻り、好循環が生まれている。吉木自治会の今田寿之会長（七五）に思いを聞いた。

＊

年寄りばかりの地域なので若者たちが来るのは大歓迎。ただ、地元としては何もしていない。スクールバスの要望で箕野博司町長に会ったとき、移住者を増やす秘策を聞かれたが、「わかりません」としか答えなかった。

移住者への警戒感はあったと思う。ただ、最初に入ってきた若田さんが一生懸命に地域に溶け込もうとするのが伝わってきた。野菜を届けてあげるなど、地元としても田舎ならではの方法で心を表わしてきた。

二〇一五年の夏祭りは若い人や子どもが増え、例年になく活気があった。子どもが多いのはええですよ。秋祭りのみこしや、正月のとんどを復活させる動きが地元の若者から出ている。われわれも「応援するからやりんさい」と励ましている。ただ、移住者を増やせばいいという感覚はもっていない。吉木を好きになって来てくれる人を、温かく迎えていきたい。

移住者の多くが、空き家と農地、山林がセットになった物件を買っている。田舎で何かしたいという人たちだ。吉木から都市部に出た出身者が「古里を見直さんといけんのお」と思ってくれないかと、かすかに期待している。（談）

島根県中山間地域研究センター
藤山浩研究統括監に聞く
安心安全求め、田舎の田舎へ

若者が農山村に移り住む背景に何があるのか。中国山地の集落の人口移動を研究している島根県中山間地域研究センターの藤山浩研究統括監（五六）に聞いた。

＊

――移住の動きはいつから活発になったのですか。

島根県では二〇〇〇年代初めに隠岐諸島で始まり、〇八年のリーマン・ショックのころから山の方も染まってきて、いまは全体に広がった。三〇代の子連れ層のU、Iターンが力強く続いている。市町村の周辺部、いわゆる「田舎の田舎」への移住が目立つ。

――「田舎の田舎」の魅力とは。

人口減で家も田んぼも空き、地域の人は「一緒に頑張ってくれるなら入ってもらおう」と思っている。自然、人、伝統のつながりが生きていて、魅力もある。

移住してくる若い人たちは、このまま都会にいても未来は約束されていないと感じている。本当に年金をもらえるのか。経営危機に陥ったシャープでも東芝でも、大きな企業ほど自分一人の力だけではどうにもならない。移住者は農山村で努力し、自分の手で安心安全な暮らしをつくる方が確実だと思っている。

――若者の労働環境の変化も影響しているのですか。

いまの三〇代と私が三〇代だった頃を比べると、実質的な給料とか遊び方が全然違う。昔はスキーや海外旅行を楽しみ、もっと裕福だった。いまの三〇代は非正規雇用の問題もあるし、正社員だって社員数が少ないなかで働き、疲弊している。そうした生活を続けてもいいことはないと思うのは当然だろう。

――東日本大震災の影響を指摘する声もありま

す。

都会は大災害が来たら、店の棚から瞬時に食べ物が消え、トイレも使えなくなる。大震災で地方移住の流れは質、量ともに加速した。一時的、部分的な動きではなく、今後も広がっていくだろう。

《プロフィル》ふじやま・こう　一橋大を卒業後、広島県立高校の教諭などを経て、一九九八年に同センターの研究員に。『田園回帰一％戦略　地元に人と仕事を取り戻す』などの著書がある。島根県益田市出身。

《関連ニュース》

中国山地八町村　社会増

若者中心　高まる移住希望

一五年　転入が転出上回る

過疎に悩まされる中国山地の八町村が二〇一五年、転入者数が転出者数を上回る「社会増」になった。死者数が出生数を上回る「自然減」は続いているものの、人口減少の歯止めとして期待されている。地方への移住者が増えてきたことが背景にあり、専門家は「若者を中心にした田園回帰の影響」と指摘する。

総務省の住民基本台帳人口移動報告によると、一五年に社会増になったのは広島県北広島町▽岡山県矢掛町▽同奈義町▽同西粟倉村▽同久米南町▽島根県飯南町▽同川本町▽同邑南町。それぞれ二三～一人の転入超過となった。

北広島町では一五年、六一八人が町外に出る一方、六二一人が町内に転入、三人の転入超過になった。ここ五年は一二年を除き三八～一人の社会増が続く。町企画課は工業団地に立地する企業の雇用が増えてきた影響を挙げ、「都会を出て田舎に住みたいという流れが強まり、移住相談が増えている」という。

これまで三〇～二〇人の社会減が続いてきた川本町も一転して二三人の社会増となった。一五年に専門の部署を新設し、転入希望者の相談に当たる町まちづくり推進課は「ゆったり子育てしたいと望む若い世代が増えている。田舎への風を感じる」という。

移住者は中国地方でじわじわと増加している。

広島県は、県や市町の窓口に相談して移住した世帯数を把握しているが、一五年度は一〇九世帯で五年前の二・五倍。岡山県でも一八五四人と前年度より一一七人増えた。

一五年度から全市町村で転入者への新たな調査を始めた島根県は四二五二人に上った。一五年度に鳥取県に移住した人は一九四三人で、五年前の三倍になった。山口県はデータを把握していない。

明治大農学部の小田切徳美教授（農村政策論）は「よそ者である移住者が地域づくりに関わると、より魅力的な取り組みになり、さらなる移住者を呼び込む好循環が期待できる。単なる人口の社会増にとどまらず、農山村の再生につながるはず」と指摘している。

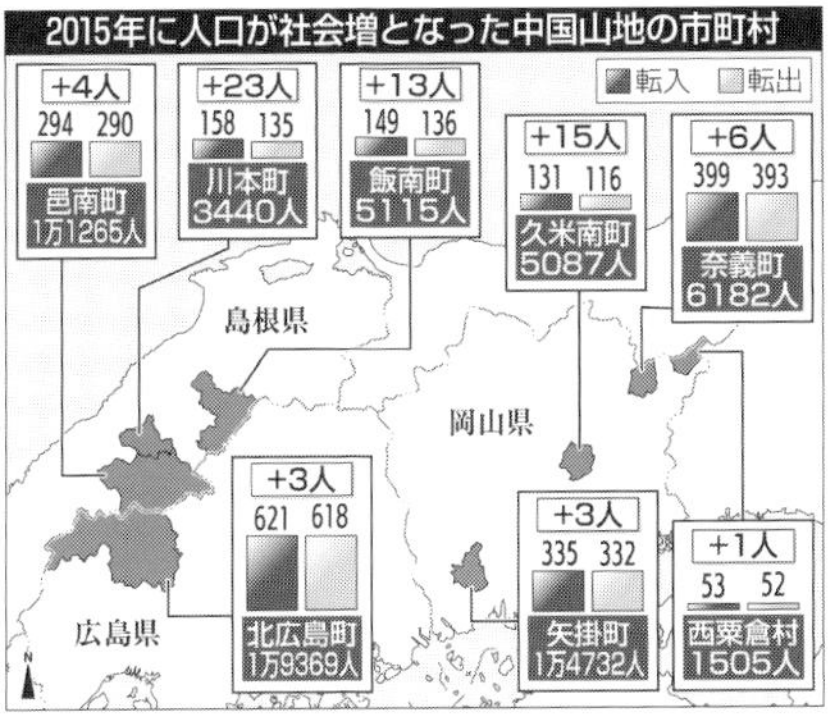

※人口は4月1日現在

② 地域一丸で定住を支援

二人の門出に三〇〇人の住民たちが集まった。「末永う幸せにのう」。広島市から広島県庄原市口和町に移住した上田英馬さん（三五）、千絵さん（二七）夫婦。地域を挙げて祝ってくれた二〇一五年六月の結婚式の様子が脳裏に焼きついている。「ここまでやってもらったら、地域から離れられないと思った」。うれしそうに振り返る。

上田さんは石川県小松市出身。先に移住していた大学の先輩の牧場に通ううち、自然豊かな口和が気に入り、田畑付きで築七〇年の空き家への移住を勧められた。ただ、「ここで骨を埋める気持ちがあるなら」と家主から条件を提示され、気持ちは揺らいだ。「農地と家を守っていかなければいけないというプレッシャーを感じた」。

そんなとき、親身に相談に乗ってくれたのが、地元の住民組織、口和自治振興区で地域マネジャーを務めていた積山道弘さん（六〇）だった。「上田さんなら集落でうまくやっていける」と家主を説得してくれ、「賃貸で一〇年間住み続ければ無償譲渡する」という契約に変更。上田さんは

上田さん夫婦（左の２人）と談笑する積山さん（右端）

安心して移り住むことができた。

いまは、農業をしながら自治振興区の事務局で働く。一六年二月には長男も誕生した。「きっかけは大学の先輩。でも、積山さんが何度も交渉に立ち会ってくれなければ移住を諦めていたかもしれない」と感謝する。

五〇年間で人口が半減した口和では、高齢化率が四割を超える。一〇年後には五集落が無人になるという分析もある。危機感をもった自治振興区は一二年度、独自の定住対策に乗り出した。

九つある自治会に「空き家対策調整員」を一人ずつ置き、空き家の状態や貸し出す意思があるかを家主に確認。自治振興区で情報を一括管理し、移住希望者と家主との仲介をする。結果、これまでに上田さんを含めて一一世帯三二人のIターンにつながった。

移住者の子どもの誕生日を集落総出で祝ったり農作業を手伝ったり、住民の意識も変わってきた。自治振興区の清水孝清事務局長（六二）は「調整員を置くことで定住対策が地域に浸透した。移住者の受け入れに前向きになった」と強調する。

地域の良好な関係が口コミで伝わり、新たな移住者の呼び水になった。ただ、農山村は住民の共同作業で地域が成り立っている。草刈りや葬儀の手伝いを担う意思がない人は、受け入れを断るケースもあった。

振興区は築八〇年の空き家を改修し、暮らしの体験施設を開設した。「実際に生活しながら地域を知ってもらえる。移住者を呼び込む間口を広げたい」。清水事務局長は体験施設の狙いを話しつつ、「最後に背中を押すのは地域の姿勢」とも付け加える。住民の受け入れの本気さが好循環を生んでいる。

③ 田畑守る新たな担い手

　四方を山に囲まれた山口県岩国市周東町の三瀬《さんぜ》川《がわ》地区。約二〇年前から住民がいない滝迫集落の畑で、ジネンジョ農家の向井淳さん（三七）、八木嘉隆さん（四六）、末田直也さん（三〇）が黙々と畝をつくり、種芋を植えつける。「みんなで作業するとはかどる。品質のいいものを作りたい」。三人ともIターンして地域に暮らす。

　最初に移住したのは群馬県からの向井さんだった。当時、滝迫集落でジネンジョを生産していた山口県周南市の会社が担い手を募集しているのを知り、「田舎で農業をしたい」と応じた。二〇〇七年、滝迫から約一キロ離れた三瀬川地区の東郷集落に移り住んだ。

　この会社の社長は滝迫の出身者。「住民は消えたが、せめて古里の畑は守りたい」との思いをもっていた。社長の紹介で一ヘクタールの畑を借りた向井さんは、自宅から通いながら栽培を続けた。土づくりなど工夫を重ね、収穫量は年々増加。他の集落に評判が広がり、田畑を託す人も増えた。収支はぎりぎりながら自立した生活を送る。

いまは無人になった滝迫集落にある畑で種芋を植えつける八木さん（左）、向井さん（中）、末田さん

三瀬川地区は農家の多くが八〇歳代となり、休耕地が増える。一五年から農地二〇アールを貸す中嶋幸代さん（八二）は「足を悪うして限界じゃった。農地を荒らさずにすんでよかった」と喜ぶ。

新たな移住者も加わった。知人の誘いで一〇年に周東町内から転居してきた八木さんと、市の空き家情報を頼りに柳井市から二年前移ってきた末田さんだ。二人とも向井さんに触発され、ジネンジョの栽培を始めた。三人が手がける畑は三ヘクタールに上り、農地を守る輪は着実に広がっている。

七〇人が暮らす三瀬川地区は、この一〇年で人口が四割減った。「移住者を地域の活力に」との思いは強く、住民グループの三瀬川村おこし推進協議会は、農閑期の仕事を紹介するなど三人をサポートしてきた。

三人も高齢者のパソコン教室の講師や祭りの準備を担い、地域の活動に積極的に貢献する。向井さんは二人、末田さんは四人の子育てに追われ、地域に子どもの笑い声が戻った。

「農地を守り、行事でも頼りになる。若い人がいるのは心強い」と同協議会の国永修会長（八二）。向井さんも「頼りにされているのを感じる。地区の行事も農業も自分たちがやるしかない」と自覚する。

一方で、ここ一〇年でIターンを受け入れたのは、三瀬川地区にある全六集落のうち二集落。一四年の夏、名古屋市から来た男性は住民との交流もなく一週間で去っていった。この集落で長年、自治会長を務めた高木康彦さん（八三）は「向井さんたち三人は、地域に欠かせない存在。ただ、今後も彼らのような人が来るとは限らん」と明かす。

よそ者の受け入れに慎重な住民も少なくない農山村。地域の担い手として移住者をうまく取り入れていくための知恵が求められている。

④ Iターン　歓迎と不安

かつて玖珂鉱山でにぎわった山口県岩国市美川町の山ノ内集落。四〇戸ほどの家がひしめくが、半分は空き家になっている。「今度来る人がなじんでくれたらええんじゃけどのう」。集落の世話役、升田清甫《せいほ》さん（七五）は願う。一九九三年の鉱山閉山以降、初めてIターン者を受け入れる。

移住を予定しているのは埼玉県内の四〇代男性。市がインターネットで公開している空き家情報を知り、山口県防府市内に住む家主と交渉して、移住を決めた。市を通じて集落に連絡があり、自治会役員たちへのあいさつもすませた。

引っ越しの日取りが決まれば、自治会として歓迎会を開くつもりだ。「地域の行事に積極的に参加すると約束してくれた。お年寄りばかりで神社の清掃も一苦労なので、若い人が来てくれたら活気が出そう」。升田さんは心待ちにする。

ただ、地元と縁のないIターン者を受け入れた経験がない集落には不安の声もある。六〇年以上前から住む藤本歌子さん（八二）は「よその人が来るんは初めてじゃし、素性がわからんのが不安。

半数の家が空き家になった山ノ内集落を見て回る升田さん

仲良うできりゃええんじゃが」と打ち明ける。

相次ぐ鉱山の閉山で、五〇年前に五五〇〇人を超えていた美川町の人口は一一〇〇人余りに激減。地域ぐるみで移住者を呼び込もうと全三八自治会が、美川定住促進連絡協議会を立ち上げた。ただ、そのターゲットはあくまでUターン者。Iターン者は外された。

連絡協を設立する際、地域の世話人が手分けして住民の声を拾い集めた。「子や孫が住むならええが、知らん人には抵抗がある」。山ノ内集落では、一人暮らしのお年寄りなどからIターン者の受け入れに消極的な声が聞かれた。

自治会が集めた声の半数以上が後ろ向きだった。このため連絡協としてはUターン希望者の呼び込みに力を注ぐことを決めた。Iターン希望者は自分で家を見つける人は受け入れるが、あえて地元からは呼びかけない。

「移住といえばIターンと思っとった。ただ、よそ者への警戒心は想像以上じゃった」と升田さん。連絡協で役員を務める上田博敬さん（六一）も「Uターンの人なら地域の人になじみもある。ここは高望みせず、取り組みやすいところからやっていきたい」という。

若い世代を中心に田舎への移住に関心が高まっている。一方で、よそ者への警戒感もある。上田さんは思う。「住民の意識が変わってくれれば、Iターン者の誘致にも取り組みたい」。地域の声に耳を傾けつつ、ムラの未来を見据えている。

⑤ 有機農業志し田舎へ

例年にない暑さが続いた二〇一六年五月。広島県安芸高田市向原町のビニールハウスで有機農業を目指す増野一幸さん（四〇）が苗作りを黙々と続けていた。「広島市という大消費地が近い。付加価値が高い野菜を作れば、やっていける」。広島まで車で一時間の地の利を生かし、こだわりの農業を模索する。

就農したのは一五年二月。生まれ育った広島市から向原町の祖父母の家に移り住んだ「孫ターン」だ。「帰省するたび、いいところだなと思っていた。心落ち着けるのは田舎」。商品価値を高めようと、四〇アールの畑でパプリカやミニトマトなど彩り豊かな野菜を作る。

就農前は、情報システムの大手企業のエンジニア。「いつかは農業を」と思っていた。東日本大震災で「食料をある程度自給できる方がいい」との思いを強め退社した。会社で学んだ技術を生かし、野菜のインターネット販売や草刈りロボットの開発を考える。都市住民向けの農業体験会もやりたい。夢は広がる。

農薬に頼らない野菜作りに取り組む左から児玉さん、増野さん、石井類さん（28）。先輩農家の森脇さん（右端）が応援する

ただ、妻と一歳半の長男との暮らしは楽ではない。土壌改良の作業に追われ、収入は会社員時代の一割。貯金を切り崩し、妻もパートに出る。五年間に限って国が新規就農者に年一五〇万円を交付する支援制度の活用を申請中だ。

増野さん方から約一キロ。同じくシステムエンジニアから転じた児玉大和さん（四四）も、農薬や化学肥料に頼らない農業に挑む。

児玉さんは東京からの単身Iターン。プログラミングの仕事は面白かったが、月四〇〇時間の勤務は過酷だった。「命を削ってまでやる仕事ではない」と、東京であった農業人フェアに参加。島根県邑南町で農業研修を受けることになり、一三年に向原町の農地を借りて就農した。

六〇アールの畑で四〇種類の野菜を作り、ネットで消費者に直売する。年間三〇〇万円の売り上げ目標は達成できず、国の支援金頼りの生活だが、栽培面積を広げて自立の道を探る。

国は農家の大規模化を掲げるが、二人が目指すのは安心安全をより重視した少量多品目の個人農家。農地が狭い中国山地ならではのスタイルだ。安芸高田市では、こうした若い移住者が相次いでおり、増野さんは、同世代の四人とグループ「あ。ぐり〜ん」を結成した。

月一回、こだわりの野菜作りで独自の販路をもつ同市の森脇良典さん（六三）の農園に集まり、採れたての野菜料理を食べながら深夜まで語り合う。「普段は一人で仕事をしているので、同じ志をもつ者同士で話すことで張り合いが出る」と増野さん。情報を共有しつつ、互いに競い合う場でもある。

「農家の息子でさえ農業を継がない時代になり、荒れた田畑が増えている。外から入ってくる若い子たちを大事にしないと」。森脇さんは若者の自立を後押ししていくつもりだ。

⑥ 子育て支援充実　移住増

よく晴れた日曜の朝。島根県邑南町《おおなん》矢上の山田寛之さん（三七）方の前で、長男温太郎君（八）と次男桜次郎君（六）が自転車を乗り回す。広々とした道に車は通らず安心して見守る山田さん。そんなとき、「古里に戻ってよかった」と感じる。

　高校まで矢上で育ち、徳島県の専門学校に進み、作業療法士になった。山田さんが就職先に選んだのは、一二〇万都市・広島市中心部の病院だった。「都会への憧れがあり、田舎には帰りたくなかった」。

家の前で2人の子どもと自転車に乗り、休日を楽しむ山田さん（左から2人目）

意識が変わり始めたのは高校の後輩の幸恵さん（三六）と結婚し、二人の子をもってから。共働きで保育料の負担は重い。小学校に上がり、放課後の預け先をどうするかも心配だった。

　邑南町が、第二子以降の保育料を無料にするなど子育て支援に力を入れていることは知っていた。郵便局員の妻は古里への転勤希望を出し、長男が小学校に入る年に異動が決まった。迷わず家族で転居し、自身は町内の病院に就職できた。

「広島でも子育てできたかも」。時々、都会が恋しくなる。でもいまは、夫婦の帰宅が遅くなっても実家の両親が子どもの面倒をみてくれる。「経済的にも環境的にも、子育ては邑南の方がしやすい」と思う。

町の人口は一万一千人余り。この半世紀でほぼ半減した。町は二〇一一年度から「日本一の子育て村」を掲げ、「子育てするなら邑南町で」と呼びかける。移住相談の専従職員も置き、希望者に仕事や空き家を紹介する。町が関わって移住した人はこの五年で年三〇人から四九人に増えた。広島市からのUターン者が多いという。

町の人口は一三年度、転入者が転出者より多い「社会増」に転じた。一五年度は二八人の転入超過だった。死亡者が出生者より多い「自然減」のため、人口減は続いているが、そのペースは抑制できている。国の推計によると六〇年の人口は五〇五八人になる。しかし、町は「一万人維持」という高い目標を掲げる。

根拠となるのは、毎年人口の一%を移住で取り込めば人口を安定化できるという「一%戦略」。島根県中山間地域研究センターの藤山浩研究統括監が提唱する理論で、邑南の場合、年六四人の移住者が必要となる。このため町は、公民館単位の一二地区で計画を作り、目標達成に住民ぐるみで取り組んでもらう方針だ。

町が「モデル地区」にと期待するのが出羽地区だ。住民でつくる合同会社が空き家四軒を借りて移住者に貸すなど、自治活動が活発で視察も相次いでいる。

同地区には年七人の移住者が求められる。活動の中心となる出羽自治会の大田文夫会長（六六）は「地方移住の追い風」を実感しつつも「毎年途切れずにやらないといけないのでハードルは高い」とも話す。

人口減に歯止めをかけ、安定した地域にできるか。町の挑戦の成否はこれから問われる。

第９部　次代につなぐ

中国山地では、新たなビジネスや地域づくりの芽が育ちつつある。インターネット普及で情報格差が解消され、IT企業が進出。少子化対策や、若者を地域に残すための教育にも力が注がれる。古里を次世代につなごうとする取り組みを紹介する。

（中国新聞掲載は2016年６月）

① IT企業　田舎に活力

「東京の仲間にはITの仕事を引退したと勘違いされたこともありました」。島根県吉賀町の山あいに拠点をもつIT企業「イベントホライズン」の東《とう》俊平社長（四二）が、にやりと笑う。「山ごもり」をいぶかる声をよそに「ITが一番活躍できるのは、田舎じゃないか」と言い切る。

福岡市で二〇〇二年に創業した社員三人の会社。情報漏えい防止のシステム開発が収益の柱だが、「他社がやらない分野でITを活用できないか」と、〇九年に大分県佐伯市へ移転。農業支援にも挑む。吉賀町で起業セミナーの講師を務めた縁で一六年春、町内の元保育所に営業所を設けた。

さっそく、町から委託を受けた。お茶生産をITで活性化させる取り組み。いつ肥料をやればカテキンの量が増えるか、といったデータを蓄積し、まずは科学的な栽培の手引を作る。経験や勘頼みから脱却し、新たな担い手が参入しやすい環境づくりを目指す。

町内産のお茶は細々と作る農家が多く、生産量は減っている。だが、農薬や化学肥料を使ってお

吉賀町の山あいに事務所を構えた東さん。仕事の合間に山を眺めて気分転換する

らず、安心・安全を売りにできる。町産業課は「ＩＴ企業には現場を変える力がある。町内に従来なかった業種が生まれ、多様な雇用の受け皿ができれば」と期待する。

「何のためのＩＴか」。東さんは、その功罪を考えてきた。起業する以前に勤めていた会社では、会計処理を省力化するソフトを開発。人員削減を喜ぶ経営者のかたわら、仕事を奪われて泣く人の姿が浮かんだ。

その点、いまは農家の人手不足解消に貢献できる確信がある。たとえば田んぼの水温管理やビニールハウスの天窓の開閉の自動化。スマートフォンでの遠隔操作も可能だ。「ＩＴに無縁の産業はほとんどない。農村こそ、ＩＴが役立つ」。

スローな暮らしを求め、田舎に移るエンジニアもいる。林田賢行さん（二八）は「自然のなかで子育てをしたい」と東京の会社を辞め、ＩＴ企業「フランジア・ジャパン」（東京）が一五年九月に開いた島根県雲南市掛合町の事務所で働き始めた。

求人サイトのアプリ開発を引き受ける。東京や海外の同僚とはインターネットのビデオ通話で会話し、東京で顧客と会うのは三カ月に一度。静かな地で作業に没頭でき、上司に「仕事が早くなった」とほめられた。

「エンジニアはネットがあればどこでも働ける。地元で働きたい若い人には有力な選択肢じゃないかな」と林田さん。「地方にエンジニアが増えて、結果的に東京から地方にお金の流れができればいい」と思いをめぐらせる。

② 柿チョコ　よそ者が磨き

農家のおばあちゃんが、細く切った干し柿をチョコレートでコーティングしていく。広島県安芸太田町寺領地区の特産、祇園坊柿を使った人気スイーツ「チョコちゃん」。「こんなに売れるようになったのがいまだに信じられん」。一五年前から作り続ける栗栖ツキエさん(七三)が明かす。

チョコちゃんは二〇〇一年に商品化した。柿をPRするため地元農家のおばあちゃんグループ「寺領味野里《あじのさと》」が考案し、道の駅などで販売した。ただ、メンバー五人の手作業では年二〇〇～三〇〇パックを作るのが精いっぱい。増産の要請があっても応じられなかった。

その価値に目をつけたのは「よそ者」だった。一一年、町観光協会の全国公募に応じて仙台市から移り住み、一六年三月まで事務局長を務めた吉田秀政さん(四四)。観光資源を探しまわるなかでチョコちゃんの存在を知った。上品な味わい、おばあちゃんが地域のためにと作り続けるドラマ性……。「このまま埋もれるのはもったいない」と直感した。

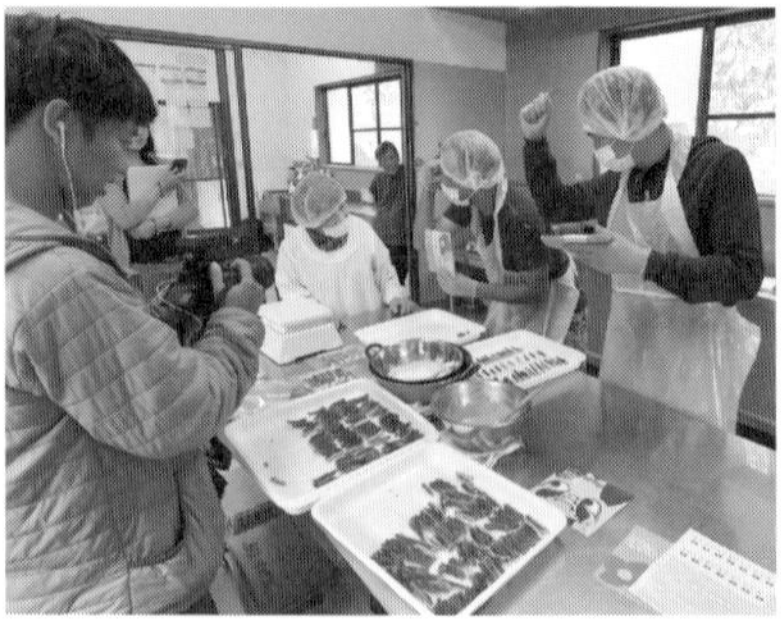

タイのテレビ局の取材を受ける味野里のメンバー。旅番組で紹介されるという

寺領に通い、「広島の、日本の、世界の特産にしよう」と増産をもちかけた。だが、前向きな答えは返ってこない。「地元からしたら自分はまゆつばもの。外から評価されれば納得してもらえるかも」。そう考えた吉田さんは、国際的な品評会に出品し、一三年度の銅賞に選ばれた。おばあちゃんたちには地域から感謝や激励の声が届き、吉田さんの提案を受け入れる流れが自然に生まれた。

観光協会は、地域おこし協力隊の若者を中心に支援チームを組織。福岡市のパティシエを招き、チョコレートの種類や配合を見直した。パッケージも斬新にした。町内の二業者に生産に加わってもらい、生産量は当初の一〇〇倍の年二万パックに。年間数万円だった売り上げは、一五年度に五五〇万円を記録した。いまでは海外メディアの取材も受ける。

「田舎はよそ者が入るだけで波風が立つし、地域の価値観や前例を無視はできない。地元に無理強いしても長続きしない」と吉田さん。納得して取り組んでもらえるよう、品質改良や増産の話し合いには時間をかけるよう心を砕いてきた。

「いつまでできるか」。メンバーの高齢化により先行きが危ぶまれる時期もあった。しかし、一五年五月、八〇歳前後の四人の引退を受け、六〇、七〇代の主婦六人が加わった。代替わりが実現し、平均年齢も一〇歳ほど若返った。

「地元の人がいちばん、魅力に気づいとらんかった。吉田さんが価値を見いだし、みんなが大きく育ててくれた」と引退した前代表の栗栖筆子さん(八〇)。地域資源を新鮮な目で見るよそ者と地元住民の力が重なり、チョコちゃんは次世代につながった。

③ 住民出資　農村コンビニ

コンビニや産直市を備えた「郷《さと》の駅」が二〇一七年春、広島県三次市の川西地区にオープンする。運営するのは住民出資の株式会社。「どうすれば経営がうまくいくか。役員任せでなく、一体となって考えてほしい」。一六年六月にあった株主総会で平田克明社長（七六）が株主の住民に呼びかけた。

この地区は市中心部から南へ一五キロ、約一一〇〇人の農村地帯。五〇年で人口は三分の一ほどに減り、唯一の食料品店だったAコープも〇九年閉店した。「調味料一つ地元で買えない。誰かに会える場所がないのもさみしい」。総会に出た株主の一人、原田寿子さん（八三）はこぼす。

こうした不満の声を受け、地元の川西自治連合会は「郷の駅」建設構想を練り、一四年に株式会社を設立した。世帯数の八割に当たる三二七人、地域ゆかりの法人九社などから計約二二〇〇万円の出資金が集まった。単なる商店の復活でなく、高齢者の送迎や寄り合いの場づくりなど、生活拠点の色合いを濃くする。

「郷の駅」の2017年春開業に向け、株主総会で決意を述べる平田社長（奥左端）と取締役

「買い物弱者の対策は本来、行政がやるべきでは」。自治連は当初、市に建設を任せ、住民が運営する公設民営方式を要望した。だが、市は「困っている地域は他にもある」と難色を示した。

代わりに示されたのは、身銭を切ってでも公益性のある事業を興そうとする企業・法人への支援制度。特産品加工所や交流施設の建設費を対象に、最大で七五％（上限七五〇〇万円）を補助する。同市青河《あおが》地区が移住者を呼び込むため、住民が一〇〇万円ずつ出資して賃貸住宅を整備した先進的な取り組みに刺激を受け、一二年に市が創設した。

「遊休農地の活用や、獣害対策と絡めて特産品を作るなど、住民主体で事業を始める地域がここ一〇年で目立ってきた」と市地域振興課。住民主導の地域づくりを高みに引き上げるため、「意欲ある地域は資金的な後押しをしたい」と話す。

世帯の八割が出資した川西地区の取り組みには、増田和俊市長も「責任をもって事業を進める覚悟が見える」と評価。上限の七五〇〇万円の補助が決まった。

とはいえ、経営は楽ではない。建築費約一億円のうち、補助で賄えない二五〇〇万円は借金し、初年度は赤字の見込み。安さと品数で勝る市中心部のスーパーとも競合する。一日の売り上げ目標五〇万円を達成できるかは、住民の協力にかかる。一二人の取締役にも報酬はない。

「農産物の出荷や高齢者の送迎ボランティアで多くの住民が携わり、自分たちの店という意識を高められるかが鍵になる」と平田社長。地域の拠点復活と引き換えに抱えた責任の重さに気を引き締める。

④ 町ぐるみ　産声V字回復

二〇一四年の合計特殊出生率二・八一達成――。岡山県奈義町のパンフレットに、カラフルな見出しが躍る。過去最低だった〇五年の一・四一からV字回復。小中学生のいる世帯では三人きょうだいが最多、ともアピールする。

一人の女性が生涯に産む子どもの推定人数を示す出生率。二・八一となった一四年は、一五～四九歳の女性が前年とほぼ同数の九二六人だったものの、出生数は六〇人と一七人増えた。この結果、出生率は〇・九三上昇。一二～一四年の三カ年の平均も二・二三となり、人口維持に必要とされる二・〇七を超える。

平成の大合併の波を受けながら、〇二年の住民投票で単独町制を選んだ奈義町。出生率一・四一に危機感をもち、公共事業や補助金を切り詰めて、子育て支援を拡充してきた。出産祝い金に一〇万～四〇万円、在宅育児に月一万円、高校通学に年九万円……。一六年度は、前年度比四五％増の計一億二六〇〇万円を充てる。

少子化対策は全国共通の課題。「子だくさん」

赤ちゃんや幼児を連れてチャイルドホームに集う母親たち

の秘策を学ぼうと、人口六千人の町に全国から視察が相次ぐ。「特効薬というより、きめ細かい施策をこつこつ積み上げている」「町民の理解がすごい。うちはここまで子育てに割けない」。視察した自治体職員や議員の反応はさまざまだ。

同町の場合、陸上自衛隊日本原駐屯地を抱える特殊事情もある。隊員と家族で計六〇〇人。人口の一割を占める。転勤で入れ替わりの多い官舎で例年より出産が多いと、出生率は上振れする。「二・八二」は、その影響もあった。

母親に安心感をもってもらう環境づくりも、高い出生率につながっている。町の保健師立石奈緒子さん（四三）は、乳幼児の親子が集える「チャイルドホーム」の存在を挙げる。「三人でもなんとかなる、子育てが楽しいというムードが広がっている」と話す。

「平日にいつでも集える場を」。チャイルドホームは〇七年、母親たちの要望を受けて町が開設した。口コミで隣の津山市からも親子が訪れる。

「二人目までは子育てが楽しくなかった」という町内の有宗知奈津さん（三七）もストレスを解消できるようになったと喜ぶ。

「子どもといるとイライラして、独りで閉じこもりたいときってない？」「あるある！」。ママ同士で悩みを分かち合い、気持ちが楽になる。「夫に『無理じゃないか』と言われた三人目を産めたのはチャイルドホームのおかげ」と有宗さんは明かす。

町は、年七〇人の出生を目指す。「二・八二」の一四年と比べて、さらに一〇人の上積みが必要になる。町総務課の奥正親課長は「一過性で終わらないため子育て世代の立場に立った施策を続けなければ」と見据える。

⑤ 古里教育　帰郷の種まき

島根県益田市匹見町にある標高約三〇〇メートルの山の渓流に、青々と葉を付けたワサビ田が広がる。地元の匹見小と道川小の六年生たち七人がワサビの茎を摘み取り、種を取り出していく。

「昔は農家がようけおって、もうかった時代もあったんよ」。指導役を務めるワサビ農家の高田栄さん（七六）が児童に語りかけた。

特産ワサビを題材に、匹見中と連携して昨春から始めた古里教育。これまでの体験学習とは違い、植えてから収穫までの三年間を一貫して学べる。小学六年から中学二年まで栽培に関わり、郷土への愛着心を育むのが狙いだ。進学や就職でいったんは古里を出ても、いつか戻ってきてほしいとの願いがこもる。

「東の静岡、西の島根」と称されるほどのワサビ産地だった匹見町。高田さんがこの道に入った五八年前、町内では五〇〇戸が栽培していたが、高度経済成長期に挙家離村が続出した。一九六三（昭和三八）年の「三八豪雪」が追い打ちをかけ、農家は一〇〇戸に。「田舎におったらだめじゃ」。

ワサビの種取りを児童に教える高田さん（手前右から３人目）

子どもを都会に送り出した親は多い。

高田さんは先祖代々のワサビ田を荒らしたくないと匹見に残った。だが、二人の子どもは古里を離れて広島市で暮らす。ワサビの単価はかつての一割になり、ワサビだけでは生活できない。二人に匹見を出るよう勧めたことはないが、残ってほしいとも言わなかった。

内心、次世代に守ってほしいと高田さんは思う。それでも、ワサビ田での授業では口に出せなかった。「わが子にも言えんかった。地元の子どもたちに言うことはできん」。ワサビのある古里の景色を心に残してあげたいと強く願う。

市は六年前、市内の高校四校の二年生五四八人を対象にアンケートをした。五二%が「他都市で暮らす」と回答した。地元で暮らしたい生徒は二三%にとどまった。市教委の大畑伸幸社会教育課長は「地域の人の生きざまに触れると、子どもたちの記憶に強く残る。原体験が印象的であれば古里を好きになって戻ってくる子も増えるのでは」と古里教育に期待する。


小学生が集めた種は、里の畑で苗まで育てたあと、ワサビ田に植え替える。三年すれば「イモ」と呼ばれる根茎が収穫できるほどに育つ。「収穫がとても楽しみ。高田さんにしっかり教えてもらって育てたい」。匹見小六年の斎藤拓海君（一二）は笑顔をみせる。

「大きくなって古里を離れても、匹見やワサビのことを思い出してほしい」と高田さん。いつの日かUターンを選択肢の一つにしてくれたらと願っている。

《座談会》「農山村の未来図」

連載企画「中国山地」の一環で中国新聞社は、過疎地の地域づくりを考える座談会「農山村の未来図」を広島県安芸太田町寺領の農家レストラン「ZIRYO（じりょう）」で開いた。地域の未来を切り開くアイデアをめぐり、五人の参加者が熱い議論を交わした。

会場となった農家レストランの庭先で中国山地の未来を語り合う座談会の参加者

《出席者》
島根大教育学部教授　作野広和さん
株式会社ライスファーム藤原（広島県三次市）　藤原博已さん
広島県庄原市へのIターン者　今村舞由美さん
広島県神石高原町の集落支援員　高原敬二さん
広島県安芸太田町企画課長　二見重幸さん

《集落のいま》
一番の問題は後継難
変革は「棚卸し」から

作野　まずは集落について議論したい。集落支援員の高原さんに口火を切ってもらえますか。

高原　困っていることはあるが、ギブアップしていない。九集落に一四〇〇人が暮らし、高齢化率は七〇％を超える。草刈りは自治会でやっている。一番の問題は後継者、次の世代がいない。六〇～八〇代が頑張っているが、その次の世代がおらず、継続が難しい。

藤原　私の集落は一七戸。毎月一五日に会合があるが、半分くらいしか来ない。人間関係が希薄化しつつあり、一人暮らしのお年寄りが増えている。

Uターンしてきても地域のつき合いをしない人もいる。一〇、二〇年前とは様変わりしている。これからどうなるか危機感がある。

今村　若者の目線から見たら、集落の行事が多すぎる。住民が減り、若い人も少ないので、削れる部分は削った方がいいのではないでしょうか。いまは困ってはいないが、二〇年したら困る。絞ってくれておいた方が、担う側としてはありがたい。

今村舞由美さん

高原　集落の伝統や行事が多いとは思わない。それらのほとんどがコミュニティー形成や文化に絡んでいる。捨てれば多少身軽になったような気がするが、そんなに効果はない。むしろ「捨てるんじゃなかった」と取り返しがつかなくなる。私の地域でも行事に出てこない三〇～四〇代がいる。なぜかというと、親が「まだ一人前じゃない」と言っている。親の重しを取り払えば、いけるのではないか。若い人に任せてみる工夫が必要だ。

高原敬二さん

作野　集落の変革については、地域や世代で意見が異なるが、集落を守っていくことでは一致している。集落のいろんなことを簡素化する手段として「集落の棚卸し」がある。行事と組織をリストアップする。そうすれば行事が多いことや重複しているものが見えてくる。今後の変革にはこういったことが必要になる。

　話は変わりますが、集落に新しい風は吹いてませんか。

高原　神石高原町ではIターンが増えている。私の地区では、地域おこし協力隊を今年卒業した若者が友人を協力隊として呼び込み、子どもも生まれた。六四戸くらいの地域に二世帯六人が定住した。一人が入るとずいぶん違う。やはり人、人間関係だ。地域の資源を磨くと、風の流れは向いてくる。Iターンは関東や広島市からが多い。

二見重幸さん

二見　転入は、電力会社や県の転勤の関係で、広島市からが圧倒的に多い。Iターンは九州など県外からも多く来ている。

今村　庄原市西城町はUターンの方が多く、とくに広島方面からが目立つ。実家と少し離れたところに家を建てるケースがよくある。

作野　島根ではそこかしこにIターン者がおり関東からが多い。個人的に四〇～五〇人にアンケートをしたことがある。移住のきっかけは地域おこし協力隊、人が人を呼ぶパターン、結婚、子育て優先などさまざまだった。

作野広和さん

《生計》
核になる農家育てよ
地産地消　徐々に定着

作野　中国山地でのなりわいをどう考えますか。農村地域でしかできないこと、大切にしなければいけないことは。

藤原　農業は一つの産業として雇用を生む。地域の高齢農家たちから農地を預かり、なりわいとして生計を立てている。預かっている一七〇戸の農家のうち、こちらから借りたいとお願いしているのは一戸もない。地域の農業を守ることはその地域を守ることにつながると思う。

今村　私はいまからなりわいをつくっていく立場。農業も林業も守らなければいけないし、それはい

藤原博已さん

ろんな人が担っていかなければならない。自分で食べるものを作り、生活する力を身につけたい。田舎だから課題も多いが、チャンスもあると思う。

高原　安定を求めていたら、田舎には来ていないと言うIターン者もいる。昔は農閑期には土木工事などをして生活してきた。いまもいろんな仕事を組み合わせたら田舎でも食べていける。

作野　基幹産業である農業をどのように継続していくべきか。農業は仕事だが、地域を支えるという意味でボランティア的な側面もあるのでしょうか。

藤原　米価が下がるなかで稼ぐためには、コメの価格設定を自分たちでできなければ駄目だ。守っている農地でいい物を作ってお客さんに提供し、リピーターになってもらう。地元のコメを食べることが農地を守っていくことにつながる。それを知ってほしい。

　小さな水田の多い中国山地のコメ作りは草刈りが大変だが、地域の農地を守ろうと思えば、それもしっかりやらなければいけない。核になる農業生産者を育てていくことが必要だ。うちに四人いた社員のうち、一人は来春独立する。そういう人材を増やしたい。

作野　藤原さんのような法人があれば、住民は安心して農地を預けることができますね。

高原　広島県は集落営農法人が多い。県が率先して設立を後押ししてきた。いま、法人ができていないところは、まとまっていない地域だろう。

今村　これから田んぼがさらに荒れ、法人が守るのが難しければ、誰かが起業して守っていくしかないのかな。

藤原　会社としてやっている以上、利益を出さないといけない。作物の出口をしっかりもつことが大切で、ある程度の出荷量も必要だ。起業するには農地の面積もある程度もたないといけない。昔は一〇ヘクタールあればやっていけたが、いまは二〇ヘクタールは必要だ。農協に出すのでなく、自分で売らないといけない。できたコメにいかに付加価値をつけられるか。顧客のオファーに応えられる生産体制をつくる。集落で耕作できない土地をただ集めただけでは起業は難しい。

二見　出口の話だが、安芸太田町では、スキー場とか大きい宿泊施設が地元のコメを使う機運ができつつある。社会全体に定着してほしい。

《田舎の味わい》

地に足着け暮らせる

都会への通勤も可能

作野　Iターン者が各地に入り、なりわいを含めて生き方が変わってきている。自分がやりたいこと、やれることを考えて農村部に入っている人が増えている。

今村　都会では、日々の生活の流れにのまれてしまうような気持ちになる人が多い。仕事と家との往復だけという人もいて、生活を見直す時間がない。地に足を着けた生活を送り、どうやって生きるかを問いただせるのが田舎だと思う。とくに東日本大震災以降は、そんな流れが大きくなってきている。

作野　Iターンを受け入れている地域は、どんなことを感じているのだろうか。

高原　地域おこし協力隊員だった若者が、私の家の隣に移住している。本当にここで暮らしていていいのかとも思った。だが、考えてみたら彼は二〇代で借金もせずに、農地、山林つきの家を自分のものにし、心豊かな生活を送っている。おいおい大丈夫かという住民もいたが、そんな彼の生き方もありかなあという人も出てきた。

二見　安芸太田町は広島市との近接性がある。仕事は広島に通い、田舎で暮らしながら、消防団の活動をしたり草刈りをしたりする人もいる。そんなライフスタイルを地域も認めている。町もIターンやUターン者に、高速道路での通勤費の補助制度を設けて支援している。

作野　新しい生き方が見えるようになった一方で、

中国山地の住民は子どもを都会に出している。都会からの人は農村がいいよと言い、農村で育った子は都会に出る。そのあたりの矛盾をどう捉えたらいいのだろう。

今村　本人が決めることだから、地域の良さを知ったうえで都会に行くのはいい。ただ、田舎はさえないから出て行きなさいという親がいる。いまは学校教育でも地域の良さを見つける授業をしている。田舎の悪いところばかり教えて送り出すのはよくない。

藤原　自分は高校生の一人息子がいる。進学するだろうし、他の企業に勤めるかもしれない。それとは関係なく、農地を守る人間を育てないといけない。息子が継がなくても誰かが会社を継げばいい。ただ息子も心のゆとりを求めて農村に来るIターン者のようなライフスタイルに興味をもってくれたらとも思う。いつか農業を継いでくれたらうれしい。

《世代間のあつれき》
若者の声通りにくい
「劇薬」生かす工夫を

作野　地域にもよるが、新しい価値観を認めたくない年配の人が、「こうすればいいのに」と考えている若い人を抑えてしまうケースが依然としてあるように思う。

今村　若者やIターン者は少数派なので、やりたいことがあっても、年配の人がやりたいことに押し切られてしまいがち。私が住む庄原市西城町では、まちは好きだが、楽しいことがない、という若い人が多い。

二見　若い人の意見が取り入れられにくいという面は確かにある。安芸太田町は、長期総合計画に「世代間の価値観の相違について話し合い、認め合う場づくり」の言葉を入れた。「それぞれのコミュニティーで決める話ではないか」という異論もあったが、策定委員たちが「今後、地域が生き残るために必要なことだ」と考えて、文言を残した。

作野　「中国山地」の連載では、地元が地域おこし協力隊員に「風穴をあけてほしい」と求めつつ、自分たちのスタイルを変えたがらない例が書かれていた。善かれと思って言ったことやもっている思いを、最初から受け入れてもらえない状況は、なんとか改善できないだろうか。

今村　私の経験でいえば、「若い人がいきなり何を言うか」という雰囲気になる前に、地域活動に加わるなどして仲良くなっておけば受け入れられやすい。集落支援員や、役所の担当職員の役割も大きいと思う。

高原　協力隊員が一人で直接、地域に当たっても難しいだろう。地域との間で、仲介する人や中間組織が必要だ。私は協力隊員に「あなたたちは劇薬なんだから、薄めたり混ぜたりした方がうまくいくよ」とアドバイスしている。良薬になればしめたものだ。

藤原　働き方でいえば、いまの若い人は楽をしてもうけたいという人が多い。時間が不規則な仕事は嫌、そこそこ生活ができればいい、といった志向がある。トラック運転手などはとくに不足しているようだ。生き物相手の農業は、土日も休めないときもある。仕事が好きかどうかだ。

二見　介護職が圧倒的に人手不足で、町の施策にも響いてくる。若者がなかなかやりたがらない。

作野　田舎では人手不足の業種がたくさんある一方で、「田舎には仕事がないから」を理由に町外に出るという矛盾がある。ただ、都会の仕事が楽というわけでもない。

今村　田舎で介護職に就いた若い人の話を聞くと、田舎は利用者のお年寄りや家族が優しく、給料は低くても仕事はやりやすいと言っていた。

作野　生きがいを感じられる職なら、やり続けられるはず。「ふるさと教育」や福祉のマインドを育てるのが、遠回りだけれど確実な方法かもしれない。いま学校現場では、子どもたちに勉強の意欲がなく、何のために勉強するのかというモチベーションをもたせることが重要になっている。生徒に地域課題に触れさせ、地域の役に立つという実感をもたせようとする学校が増えている。

《これから》

転入者を否定すまい
頑張る地域が人呼ぶ

作野　中国山地は今後どうなるか。それぞれの予想図を聞かせてほしい。

高原　悲観はしていない。人口流出や高齢化がずっと続くわけではない。いつの日か、流出と流入のベストバランスが取れるときがくると確信している。

今村　都市からの注目度は一〇年前と全然違う。いままではIターン者は珍しくないし、普通に入ってくるようになるだろう。雑誌やインターネットでも「かっこいいのは地域だ」という風潮が出てきて、競うようにいろんなところで面白いことが起きてくると思う。

藤原　Iターン、Uターンでやってくる人の生き方を地域が認めることが大事だ。否定的に思っているとつながりをつくりにくい。農業はなくなりはしない。米作以外でもいろんななりわいをつくっていく。行政のバックアップが必要だ。

二見　連載の第一部で取り上げられた那須集落（安芸太田町）のように、八〇代ばかりの集落があと数年でどうなるかが心配だ。そこに住み続けられる状態をなんとか維持していきたい。ただ、いままで通りのサービスではコストもかかり、しんどい。集落のあり方を模索しないといけない。

作野　第一部を「暗い」と受け止めた人もいるようだが、記事の内容は現実だ。過疎を嫌う感覚があるが、事実にきちんと向き合うことが大事だろう。今後は都会の限界もクローズアップされ、都会から避難するかたちで田舎に向かう人が増えてくる。そのときは「誰でもいいから来て」でなく、地域にとって信頼できる人に入ってもらうべきだ。地域がイニシアチブをもちたい。頑張り、楽しくやっている地域には人が集まる。その意味では地域間で格差が出るだろう。

　声を大にして言っておきたいことはありますか。

高原　地域経済を継続するには、お金を地域の中で回す必要がある。神石高原町で運動会をするのに福山の業者から弁当を入れたり、図書館業務は大手書店がやったりしている。農業構造改善事業でも、農機具を買えば都会の農機具会社にお金が流れる。工夫をして貨幣が地域内で回る仕組みをつくる必要がある。

藤原　Ｉターンしてきた人の声などをもとに田舎や農業の良さ、大切さをもっと発信する必要がある。

今村　小中高生に、地元がいい町なんだ、いい所があると知らせてあげたい。都会で学んで、田舎に帰ってきたいと思えるように魅力的な体験をしてほしい。

作野　中国山地に明るい風が吹いているのは間違いない。インターネットなどの通信環境や道路が劇的に良くなり、都会と田舎が行き来しやすくなった。若い人を中心に動きが出ている。ただ、中央で言われている「田園回帰」とは無邪気に喜べない現実もある。人口減少のなかで、社会全体が変化するプロセスの渦中に私たちはいる。

《五人のプロフィル》

作野広和（さくの・ひろかず）　広島大文学部助手、島根大教育学部講師を経て、二〇一四年より同学部教授。専門は人文地理学。島根県内を中心に各地の地域づくりに関わる。集落の無人化を見据えて準備を進める「むらおさめ」を提唱する。松江市出身。四八歳。

藤原博巳（ふじわら・ひろみ）　兼業農家の父のあとを継ぎ、二〇歳で農業の道に入った。高齢の農家から作業や管理を任される農地が年々増え、二〇〇八年にライスファーム藤原を設立。社員三人を雇い、広島県三次、庄原両市で計七〇ヘクタールの田んぼを耕作する。三次市出身。五一歳。

今村舞由美（いまむら・まゆみ）　尾道市立大（広島県尾道市）在学中に地域おこしに関心を抱き、卒業した二〇一二年に庄原市西城町に移住。自治組織「西城自治振興区」の事務職員として今春まで地域づくりに携わった。一三年にＩターン者の庄原市職員と結婚した。和歌山市出身。二六歳。

高原敬二（たかはら・けいじ）　東城高（庄原市）を卒業後、広島大事務局に勤務。二〇〇八年に定年退職し、広島県東広島市から広島県神石高原町にＵターンした。〇九年から同町の集落支援員となり、地域づくり活動のサポートなどに取り組む。同町出身。六八歳。

二見重幸（ふたみ・しげゆき）　会社員を経て、一九九〇年に広島県旧戸河内町（現安芸太田町）の職員に。主に企画畑を歩き、廃線になった旧ＪＲ可部線の駅舎跡地の活用策や、移住者向けの住宅団地建設の立案を担当。二〇一六年四月から現職。同町出身。四九歳。

《識者インタビュー》

中国山地に代表される過疎地域は、半世紀以上前から人口減少に悩まされてきた。日本全体の人口が細る時代に入り、どのような地域になっていくのか。地方の人口減を前提に豊かな暮らしの場づくりを提唱する日本総合研究所の藤波匠《たくみ》上席主任研究員▽過疎の研究を続ける明治大農学部の小田切徳美教授▽全国の半数の市町村が将来的に消滅する恐れがあると警告し、安倍政権の有識者会議の委員を務める増田寛也元総務相――の三人に展望を聞いた。

日本総研上席主任研究員　藤波匠氏
にぎわい消えても豊かな暮らしの場

――人口の動きをどうみていますか。

地方に人がいなくなっているのは事実で、中山間地域や農山村をなんとかしないといけない。ただ、最適な人口バランスを人為的に決められるものなのか。大きな方向性は時代の流れとか、どこが富を生んでいるかとかで決まる。

若い人の流れは、東京だけでなく福岡、札幌などの地方の大都市にも向かっている。県庁所在地にもそこそこ流れていて、都市に向かう力は強い。子育て、教育、買い物などさまざまな要因を考え行動している。大きな流れはひっくり返せない。国は「地方創生」を掲げ、地方から東京への転入超過を将来的にゼロにしようと言っているが、私

藤波匠氏

は懐疑的にみている。

――中国山地をはじめ、農山村はどういう地域になると考えていますか。

高齢者が多く、しばらくは人口減を抑えられないが、若者が一人でも二人でも増えることで、人口減はやがて緩やかとなり、人口は安定する。最終的には、家がぽつぽつあるような農業を中核にした人口の低密度地域になるのではないか。

いまはインターネット環境も道路も整備されてなんの不便もない。農業、林業をする人、新しい住環境を求めて移り住んでくる人は一定程度いる。昔のようなにぎわいは失われるものの、豊かな暮らしの場となる。

――若者を中心に地方への移住者が増えています。

行政の補助金もついているし、いまはバブル的なイメージをもっている。三年前は自治体の移住支援策は数えるほどしかなかったが、いまは五千くらいある。そういう状況は長続きしないと思う。いま来ている人がいかに定着できるかが重要だ。

一つでも二つでも仕事をつくらないといけない。ただ、大事なのは数ではなく質。コミュニティの核になる人に入ってもらうためには、持続的な雇用をつくらないといけない。

――具体案はありますか。

たとえば農地の集約。農業は三、四兆円の生産規模があるが、いまは農家が多すぎる。農業法人に農地を集約するとか、「やっていけそうだ」と見込める人には、いい農地を回していくようなことが必要だ。

地方はサービス業の所得が低い。タクシー、バスは典型的だ。運転手は年金をもらっていないとできないともいわれる。一方で、自動運転や相乗りサービスなど新しい公共交通が提案されている。自動運転なら運転手が必要なくなりコストは一気に下がる。会社は車を管理する仕事に転換していく。若い人の仕事をつくるため、地元のタクシー、バス会社が自ら業態を転換し、新しいサービスを提供するという気概が欲しい。

用水路や屋根の補修など、以前は集落でやってきた仕事を外に出し、対価を払うことで若い人の収入にできる。電球を換えることでも外部の人に有償でやってもらう流れだ。小さな仕事を集めて一定の規模にして、若い人が定着できる仕組みをつくる。経済学では範囲の経済と呼んでいるが、いろんな仕事をやって暮らしていくかたちになればいい。

——農山村への追い風は吹きそうですか。

若い人のマインドは変わってきている。東京圏では三五〇〇万人分の一にしかならないが、地方だと自分が中心になってできることに魅力を感じる若者は多い。だが、地元は若い人に甘えてはいけない。自分たちが変わり、若い人が持続的に暮らしていける環境をつくる。それが地域の成長だ。そうすれば若い人に選ばれる地域になる。

《プロフィル》ふじなみ・たくみ　東京農工大修士課程を修了後、東芝勤務を経て日本総合研究所に入社。二〇〇八年から現職。『人口減が地方を強くする』を一六年四月に刊行。自治体に対し、移住者の取り込みでなく仕事づくりに注力するよう提唱する。五〇歳。神奈川県出身。

明治大教授　小田切徳美氏
集落残るか消滅かいまが分かれ道

——「過疎」という用語が生まれて五〇年になります。現状をどうみますか。

農山村には人、土地、むらの空洞化が段階的に押し寄せ、全般的に過疎化が進んだ。一方、都市も高齢化が著しく、保育所の待機児童に象徴されるように子育て環境を整えられない。日本全体にひずみがたまっている。半世紀がたち、新しい分かれ道にきている。

一つの道が、二〇二〇年の東京五輪を契機にさらに都市型社会にシフトしていく考え方だ。環太平洋連携協定（TPP）もあり、絵空事ではない。

一方、バブル崩壊後、中国山地から地域づくりという考えが生まれ、農山村再生への準備は整っ

小田切徳美氏

てきた。そこに若者を中心とする田園回帰という援軍がきている。それを重ね合わせると都市農村共生社会という道も見えてきた。農山村と都市が互いに自立し、支え合って成長していこうという考え方だ。最近の動きをみると、共生社会の方に半歩踏み出していると思う。

——一〇～二〇年後の農山村をどうイメージしますか。

一部の集落は、東京に出て行った息子や孫を受け入れて存続し、田園回帰の移住者も入っているだろう。昭和一桁生まれの世代はいなくなり、人口は減るが、若者もそれなりにいて、世代バランスが取れた集落が残っていると思う。

ただ一方で、田園回帰やUターンの呼び込みに成功しない集落は残念ながら消滅するところが出る。この割合がどうなるかが勝負どころだ。消滅する集落が大多数を占めるのか、人口は少ないけど理想的な人口ピラミッドをもつ集落がそれなりの数を占めるのか。二〇、三〇代が先細っており、そこを埋めるならいまだ。

——中国山地でも一部の集落では若い移住者が増え、活気を取り戻しています。

移住の動きはかなり活発化している。ただ、パッチワークのごとく偏在している。その格差は地域づくりの差から出ている。活発なところは年寄りも問題を乗り越えようと前向きだが、取り組みがない地域は住民が愚痴ばかりを言う。どちらに人が行くかは明確だ。

移住者が来る地域では「よそ者、若者」が加わり地域づくりをより高みに押し上げる。移住者がブログやツイッターで情報を発信し、都会に出ている出身者を刺激し、Uターン者が増える。そうなると農山村の再生は本物だ。将来の展望は暗い面だけではない。

——田園回帰の要因は。

一言で言えば価値観の多様化だ。三〇代前半までの人生を地域貢献に懸けたいという若者がけっこういる。学歴が高く、国際経験が豊富。都市と農村、海外の間でどこが優位だとかという意識ではなく、自分がどこで一番貢献できるのかという考え方で農山村に入り込んでいる。全体から見ればば少数派だが、社会を変える力をもっていて、東日本大震災以降、急速に増えている。震災は若者の心を揺さぶった。経済的な優位が人間的な優劣を決めるような従来の価値観からの脱却が始まっている可能性もある。

――全国の自治体の半数の八九六市町村に消滅の恐れがあると警告した増田寛也元総務相の主張を批判しています。

北風を吹かせば地域の人は立ち上がると思ったかもしれないが、あきらめを生んでしまっている。これからはどの市町村も、どの集落も人口は減る。目標とすべきは人材だ。困難のなかで当事者意識をもち、自らの足で立ち上がる人材が地域にどれだけいるかが大事。新しい社会を農山村は築き得る。芽がまさにある。

《プロフィル》おだぎり・とくみ　東京大大学院農学研究科で博士号を取得後、同大学院助教授などを経て、二〇〇六年から現職。専門は農村政策論。地方消滅論の高まりに危機感をもち、一四年に『農山村は消滅しない』を刊行した。五六歳、神奈川県出身。

元総務相　増田寛也氏
移住者受け入れ　仕事づくりが必要

――国と地方のあり方について提言を続けています。目指すべき将来像は。

東京圏への人口集中は止まりそうにない。それは正常なことではないと思っている。保育所や介護施設の問題に見られるように、生活をむしばむ極限まできている。二〇二〇年の東京五輪の直後から、東京は立ち往生するくらい一気に高齢化が進む。それでも人は地方から東京に行ってしまうことに危機感をもった方がいい。

広島県でも、広島市で一六〇〇～一七〇〇人、福山市では五〇〇人くらいが毎年東京に流出している。人口のダム機能をもつはずの政令指定都市や、それに次ぐ市がぼろぼろと東京に人を出している。県全体としてもっとやれることがあるのに、広島市などの都市部が魅力ある仕事の場をきちんと提供しておらず、東京圏に人を出している。サービス業でもっと工夫をしてほしい。

——地方の中核的な都市で人口をとどめ、東京一極集中を是正する考えですか。

そうすると、地方の姿も変わってくると思う。

——農山村の位置づけはどうですか。

農業、林業がよって立つ基盤になるが、条件は不利な地域だ。いまのままなら過疎化はさらに進展していくし、高齢化も進むだろう。とにかく何か稼げる、収入の大本がないと難しい。役場以外に産業らしいものがないというところまでいくと厳しいが、多くはそういう状況ではない。まだ工夫できる。

ただ、いまいる高齢の住民だけで知恵を出そうと思っても、なかなか難しい感じはする。いまある資源を使って何ができるかを考えることができる人たちをきちんと受け入れられると景色が変わってくる。

——都市部からの若い移住者は増えています。

移住者にいろんなことを教えてあげる先導者がいて、若い人の意見を聞きながら少しずつ地域を変えていこうというところにすごく可能性を見ている。古きよき時代に戻りたい意識だとマイナスばかり目立つ。地域おこし協力隊のように、国が移住者の人件費まで応援する仕組みもある。地元住民の意識面のバリアーを取り除いていくと、将来の図が開けていけるような部分もあるように思う。

——自治体消滅の恐れを警告する増田氏の本がベストセラーとなり、農山村に衝撃が広がりました。

知事を務めた岩手では現実に人がいなくなった集落も出ている。集落の住民が数人になると、違うところに移ったりする。広島市や福山市にもっと仕事の場があり、若い人がわざわざ東京に行かなくてもいいようになれば、農山村も必然的に変

増田寛也氏

わってくる。若い人が近場で働いていれば、古里に暮らす親にとっても頼りになるし、日常的なことも緊密にできる。地域の高齢者を支えることができる。

――地方の中枢的な都市に政策資源を投入するようになると、農山村は置き去りになりませんか。

それは非常に浅い考え方だ。地方都市だけに投資するということはあり得ない。ただ、行政の補助金に頼っていたらどうしようもない。農業、林業が成り立つ場として仕事の場を考える必要がある。

――農山村の価値には変わらないものがあると。

それはそうでしょ。日本には農業が当然必要だし、商業もものづくりも必要。そこは変わらない。ただ、農山村自身がいまのままだとなくなっていくだろう。若い人たちに対して、きちんとしたことをやっていかないといけない。

《プロフィル》ますだ・ひろや　東京大法学部を卒業後、一九七七年に建設省入り。九五年から岩手県知事を三期務めたあと、二〇〇七～〇八年に総務相。一四年刊行の『地方消滅　東京一極集中が招く人口急減』で、八九六市町村が消滅する恐れがあると警告した。六四歳。東京都出身。

第10部　明日へ

「過疎」という造語が東京の中央官庁で生まれて50年。かつて全国で最も激しい過疎が進んだ中国山地を歩き、半世紀にわたり過疎の波にさらされた地域のいまを追ってきた。連載の締めくくりとなる第10部は、各地の現場を取材した記者の目を通して中国山地のこれからを展望する。　（中国新聞掲載は2016年6月）

① 進む過疎化　移住者が光

「過疎はこれからも続くのか」。二〇一五年九月に取材を始めて以降、この問いかけをいつも頭の片隅に置き、各地を歩いた。交通の便が悪い周辺部の小さな集落だけでなく、中規模な集落や商店が並ぶ中心部でも深刻な人口減にあえいでいた。「これからどうなるんじゃろうか」。不安を訴える住民の声に言葉が詰まった。

日本全体の人口が減る時代。中国山地もさらなる縮小が避けられない。ただ、半世紀以上の過疎で、瀬戸際に追い詰められたなかでの先細りである。とりわけ人口流出が激しかった山口県岩国市の旧美川町や島根県益田市の旧匹見町では五〇年前と比べて人口がほぼ二割にまで減っている。今後の厳しさは都市部と比べようがない。

象徴的なのが小学校の統廃合だ。広島県ではここ一〇年で、過疎地を中心に年平均一〇校以上が姿を消し、以前の倍近いペースで統廃合が進んでいる。

小学校がなくなれば、子育て中の若い世帯は定住しにくい。移住者を呼び込もうにも尻込みされ

若い世代の移住が相次ぐ吉木地区。Ｉターンの若者（左）と地元自治会長との話も弾む

る。過疎から半世紀を経ても、悪循環はいまなお断ち切れない。むしろ加速していた。

そんななかでも明るい兆しはあった。「田園回帰」と呼ばれる都市部から地方への若い移住者の波だ。

広島県北広島町の吉木地区で見た現象が印象深い。山里にもかかわらず、この六年間で子育て中の五世帯が次々に転入。さらに二世帯が移住してくる予定だ。

広島市から車で一時間の吉木地区。中国山地にはどこにでもある山里だ。地元が誘致したわけでもない。有機農業やスローライフ、アート活動など、それぞれが夢を実現する場として吉木を選び、移り住んだ。社会が成熟し、価値観が多様化するなか、若い世代に田舎志向の層が一定にあることを実感した。

中国地方への移住者はじわじわと増えている。一五年度、広島県では県や市町の窓口に相談して移住した世帯が一〇九世帯になり、五年前の二・五倍を数えた。詳細な調査を始めた島根県ではU、Iターン者が四二五二人に上った。

今後の地方移住の流れについては見方が分かれる。これから若者は年々減少する。さらに全国の市町村が移住者誘致に乗り出しており、奪い合いになる懸念もある。「勝ち組」と「負け組」の格差も広がる。過度の期待は禁物だろう。

ただ、移住者の効果は数だけでは測れない。吉木地区ではIターン者が消防団や自治会に加わり、祭りのみこしやとんどが相次いで復活する。「いろんな人から吉木はすごいねと言われる」。誇らしげな地元の若者の笑顔が忘れられない。

止めどない人口流出で自信を失い続けてきた中国山地。半世紀を経て、古里への誇りを取り戻す好機が巡ってきている。

② 集落消滅の備え　いまこそ

中国山地の各地を歩くと、このままでは住民がいなくなると思われる集落があちこちにあった。

第一部で取り上げた広島県安芸太田町の那須集落もその一つ。椀《わん》や盆を作る木地師の里として、かつて一五〇人を超えた住民はいま、八七～七六歳の六人だけになった。住み慣れた地で暮らし続けるが、草刈りをはじめとする集落の共同作業は自前では難しい。町や地元の社会福祉協議会がサポートに入る。

リーダー役の岡田秋人さん（八三）は「簡単に古里を捨てられない」と集落存続を願うが、新たな住民が来る見通しはない。

岡田さん（左から４人目）をはじめ、お年寄り６人だけになった那須集落

高度経済成長時代、中国山地では挙家離村で集落の消滅が相次いだ。そのとき、地元に残って集落を支えたのは岡田さんのような昭和一桁世代だった。それから半世紀。その世代は八〇歳を超え、自然消滅の危機にひんしている。

町内には、那須集落と別の一集落も消滅の恐れがある。さらに全四八集落のうち八集落には一四歳以下の子どもがいない。集落の無人化を見据えた施策が、町の新たな課題になっている。

集落の現状について中国新聞社は島根大と共同で中国山地の六九市町村にアンケートをとった。過去一〇年で八集落が消滅し、八三集落が今後二〇年以内に消滅する恐れがあることがわかった。全集落の〇・七％に当たる。農山村では今後、多くを占める高齢者が亡くなり人口減は加速する。消滅の危機を迎える集落はさらに増えるとの見方さえある。

いま、何をすべきなのか。研究者のあいだでは「むらおさめ」を提唱する意見が出ている。①住民が尊厳ある生活を続けられるように支援する②集落の歩みや文化を記録に残す③無人化したあとの家や農地、山の管理について話し合っておく――の三点が柱となる。

深刻なのは山林だ。いまでも地権者の境界がはっきりせず、不在地主が増えている。実態を知るお年寄りがいるあいだに現状を把握しておかないと、水源管理や災害復旧、廃棄物の不法投棄対策に影響が出てくることが予想される。

道路や水道などのインフラ管理も重い課題だ。住民がいなくなったあとも、子や孫が空き家や田畑に通ってくることも多い。市町村の財政が年々厳しさを増すなか、早めに議論を進めておくべきだろう。

ただ、その動きは現状では鈍い。広島県内で最前線にある安芸太田町でも地元と具体的な話には入っていない。他の市町村からも「地元に話をもち出しにくい」との声が聞かれる。

住民感情への配慮からだと思われるが、本当に地元のためになるのだろうか。集落が無人になって動きだしても、住民がいない状況では解決しない問題も多いだろう。現実を直視し、必要な対策を講じることが自治体の責務のはずだ。

③ 迫る大離農時代　逆手に

中国山地の農の現場をまわるなかで、あらためて感じたのはやはり「厳しさ」だった。大規模化で活路を見いだそうと、小さな田んぼを集めて一体的に経営する集落法人が各地に設立されてきた。ただ、多くの法人で後継者が育たず、将来の展望を開けずにいた。

もともと耕作環境は恵まれていない。平地が乏しく山あいに開いた棚田は狭い。のり面の草刈りや水路の管理に手間を食い、農家の減少と高齢化で負担は重くなるばかり。米価低迷、イノシシやシカの獣害も追い打ちをかける。見渡す平野に農地が広がる東北地方などとは違い、点在する狭い農地を集めて経営しても合理化には限度がある。

だが、本当の谷がくるのはこれからだ。五年ごとの全国調査によると、二〇一五年の都道府県別の農家の平均年齢は①島根七〇・六歳②山口七〇・三歳③広島七〇・二歳——とトップ三を中国地方が占めた。これまでは調査ごとに三～一歳上昇してきた年齢は今回、島根が〇・五歳増にとどまり、山口は横ばい、広島は〇・二歳減。高齢化

キャベツ栽培を本格化させた谷口社長。耕作放棄地を引き受け、経営規模を拡大させる戦略だ

が極まり、「上げ止まり」の段階に至る。

大量の高齢農家が一気にリタイアし、農家数が劇的に減少する「大離農時代」がすぐそこに迫っている。休耕地はさらに増え、山に戻る農地が出るのも避けられないと感じた。

厳しいなかにあっても、時代の転換期を逆手に取ろうという動きがあった。企業的な野菜栽培で規模拡大を図る若い農家たちだ。

広島県庄原市東城町の農業生産法人ｖｅｇｅｔａ（ベジタ）。谷口浩一社長（五〇）は「農業はだめと言われるが、十分やっていける。雇用もつくれる」と自信たっぷりに語ってくれた。

葉物野菜の水耕栽培が主力だったが、耕作放棄地を借りて農地を広げ、露地栽培も拡大、いまでは五〇ヘクタールに達する。一五年は一億七千万円を売り上げ、正社員とパート計三六人を雇う。キャベツの産地化を目指す県の戦略に応じて、今年からキャベツ栽培も本格化させる。

休耕地は増えているが、日当たりや面積などの条件が悪い農地が多かった。谷口社長は、これからの大離農時代で「いい農地」が空いてくれれば、さらなる規模拡大の好機が来るとみる。

新たな形を探る小さな農家もあちこちにいた。たとえば、広島県安芸高田市向原町。零細農家が作る旬の野菜を集め、車で一時間の広島市のレストランやデパートに届ける直送便が成果を上げる。有機農業に挑む若手グループも自立を目指し、試行錯誤を続ける。

中国山地の農業を考えるときに、忘れてはいけない視点がある。「農業は維持できたが、集落は荒れ果てた」という状況にしないことだ。中国山地では小規模な農家が田んぼを守り、集落を維持してきた。企業型の大規模農家を育てつつ、家族型の中小農家も共存できる重層的な農村のあり方を模索したい。

④ 生活交通　柔軟な発想で

中国山地のような車社会にあって、鉄道の存在意義はどこにあるのか。二〇一五年一〇月にＪＲ三江線の廃止検討問題が浮上して以来、考えをめぐらせてきた。

第三部で取り上げた広島県庄原市の芸備線（備後落合―東城）の一四年度の一キロ当たりの乗客は一日八人。三江線の五〇人にも及ばない。お得意さまの高校生はバスに流れ、列車の乗り方を知らない中学生すらいた。「大量輸送の機能を果たせていない」と言われれば、そのとおりだといえる。

ＪＲ西日本の真鍋精志社長は、中国新聞のインタビューで興味深い指摘をしている。三江線以外の中国地方のローカル線について「数年内の廃止は考えていない」としたうえで、「乗客数より、沿線自治体がまちづくりのなかで鉄道を必要としているかどうかを見極めたい」と強調した。

沿線人口が減り続けるなかで、ローカル線が貢献できる役割とは何だろう。農業にたとえれば棚田と似た面がある。収益性は劣るものの受け入れ態勢を整えてＰＲすれば都市部から人を集める魅

「乗って守ろう芸備線」の横断幕を駅舎に掲げる住民。三江線の廃止検討問題が波紋を広げる（庄原市の備後西城駅）

力を秘めている。外部のファンを増やすという発想なら、活路が開ける。

全国では、中古車両をおしゃれに改装し、車内で名物料理を味わえるローカル観光列車が人気だ。中国山地ならイノシシやシカを食材に「ジビエ列車」はどうだろう。広島市を訪れる欧米人には、棚田や神楽の里を英語で案内するツアー列車が喜ばれるはずだ。

ＪＲはローカル線を生殺しにせず、地元もお金と知恵を出す。中国山地から多くの鉄路が消えてしまう事態を避けるには、いますぐにでも取り組む必要がある。

過疎地の生活交通に目を向けると鉄道に次ぐ役割を担ってきた路線バスが、急速に高齢者の支持を失いつつある現実があった。

足腰の弱った高齢者は自宅から数百メートル先のバス停に出られない。しかたなく自治組織によるドアツードアの送迎やタクシーに頼っている。バスとの競合を避けるためＮＰＯ法人の送迎車やデマンドタクシーが大型店のある広域拠点に乗り入れできず、利便を損ねている例も複数の地域で見た。

そんななか、岡山県中部の人口一万五千人の町、美咲町のタクシー助成は示唆に富んでいた。七五歳以上が町内なら上限千円でタクシーに乗れる独自の制度。町負担は年間約三千万円でバスより経費がかからず、タクシー会社は廃業を免れた。バスでは無理だった友人宅を訪ねることができ、閉じこもり防止につながってもいた。

路線バスを必要とする人も、もちろんいる。ただ、がら空きのバスを補助金で延命させるだけでは、変化する地元のニーズと懸け離れてしまうだろう。「路線バスこそ公共交通」といった思い込みに縛られず、地域に合った交通体系を編み出してもらいたい。

⑤ 住民自治　活力高める鍵

中国地方に三一八あった市町村が一〇七に再編された「平成の大合併」から一〇年余り。多くの町村が消滅した中国山地を巡ると、過疎が加速した地域が目に付いた。

二〇〇六年に八市町村が合併した山口県岩国市の旧美川町で、胸が詰まる光景を見た。唯一ある中学校の全校生徒が一人になっていた。旧町職員をはじめ、子育て世代が旧岩国市に転出し、この一〇年で〇～一四歳人口が三分の一に激減。そのしわ寄せが中学校にきていた。

「旧岩国市が同じ市内になったことで、町内に住まないと気まずい雰囲気が薄れた」。旧町職員の告白が、合併により過疎に拍車がかかった背景を言い表わす。

「同じ市内」「一体感の醸成」の言葉のもと、都市部と同じ土俵に乗せられると山間部は苦しい。地元に高校がない広島県廿日市市吉和の住民は、他地域との平等性を理由にバス通学費の補助金を廃止した市の判断に疑問を感じていた。

都市や沿岸部、山あいの地域が合併して広域化

人口150人の民谷地区にできた住民自治組織の総会。中学生以上なら誰でも出席でき、地域への関心を促す

した現在の市町村。地域の課題は一様ではない。公平性を突き詰めて画一化するだけでなく、旧町村の事情を加味した施策に力を入れ直す時期ではないか。

一方で、行政の目が周辺部に行き届かなくなるのを見越した取り組みが、新しい芽を育てていた。小学校区や公民館エリアで住民自治組織の結成を促した広島県の三次市や庄原市。市から人件費の支援を得て、事務局職員や地域マネジャーを配置。行事や生涯学習が中心だった地域活動から脱皮し、高齢者の見守りや送迎、中学生の補習を住民自らが担っている。

住民自治が最も威力を発揮するのは、定住対策かもしれない。庄原市の口和自治振興区は四年前から、空き家対策として九人の調整員を配置する。家主に貸し出しを促し移住希望者との仲介を進めた結果、一一世帯のIターンを呼び込んだ。時間をかけた交渉や移住後のフォローは行政任せでは難しい。

三次市川西地区はさらに踏み込んでいた。自治組織を母体に会社をつくり、コンビニや産直市を併設した「郷《さと》の駅」を一七年春開業する。「行政の仕事では」と感じつつも住民が行動に移す地域と、「合併で寂れた」を口癖に無気力が広がる地域では、ますます活力に差がつきかねない。

住民自治の態勢ができていない地域も、いまなら間に合う。どこの旧町村にもまだ、役場の元課長や元教員といった、世話好きで実務にたけた人がいる。島根県雲南市吉田町では二年前、公民館すらなかった人口約一五〇人の民谷地区に自治組織が誕生。隣の地区より遅い時間まで児童を預かるなど、住みよい地域を自らの手でつくろうと奮闘していた。

財政が厳しく、行政頼みが通用しない時代。中山間地域の活力を高めるには、身近な地域で自治の担い手を育てることこそ、遠回りのようで早道だろう。

⑥ 田舎らしさ　再生の力に

中国山地の再生に向け、何が必要なのか——。各地の取り組みを取材し、住民や移住者と座談会を開いた。研究者の意見にも耳を傾けた。多くから聞かれたのは「よそ者や若者をもっと生かそう」という声だった。

一昔前と比べれば、地域の意識は変わっている。あちこちに移住者がいて、よそ者を受け入れている。だが、突っ込んで話を聞くと閉鎖的な体質が根強く残る地域も少なくなかった。

「長老のような人が実権を握って放そうとしない。空き家がたくさんあってもよそ者には貸してもらえない」。数年前、関東地方から中国山地に移住して飲食店を営む男性は明かす。

長い歴史のなかで培われた生活様式や価値観を否定するつもりはない。新参者を排除しがちなのは田舎だけでもない。ただ、人口が細り、高齢化する地元だけではアイデアが行き詰まりがちだ。若い世代の「田園回帰」という追い風も吹く。新たな力をどう生かすか。島根県美郷町の「山くじら」事業が参考になる。

タッグを組んで山くじら事業に取り組む地域おこし協力隊の若者と地元住民

もともとは、町内の猟師約六〇人が一二年前に組合を結成。山くじらと呼ばれたイノシシ肉を加工し、県内外に出荷してきた。だが、売り上げは年五〇〇万~八〇〇万円で頭打ち。専従職員を雇えず高齢化が進み、不安も出ていた。二年前、過疎地を支援する地域おこし協力隊を受け入れ、好転した。

東京などから移り住んできた協力隊の若者三人に、事業を譲り渡す――。他地域ではなかった決断をした。発奮した三人も商品開発や販路開拓に駆け回り、二〇一五年の売り上げは一千万円を突破した。一七年春には会社を立ち上げ、売り上げ二千万円を目指す。新商品の缶詰が好評で、三人が定住する受け皿が整いつつある。

既得権を手放す覚悟でよそ者や若者を支え、地元の資源を磨き直し、小さな雇用を積み重ねる。地域の魅力が次第に高まり、都会にいる出身者も古里の良さを見直して、Uターンを目指す。そんな好循環が生まれれば、地域は再生に向かう。

地方から若者を引き寄せてきた東京圏はいま、ひずみが深刻化する。二五年までの一〇年間で後期高齢者が一七五万人増え、施設に入れない「介護難民」が街じゅうにあふれるとの指摘もある。元総務相の増田寛也氏は「東京は生活をむしばむ極限まできている。二〇年の東京五輪の直後から、立ち往生するくらい一気に高齢化が進む」と警告し、若者の地方定住が進むような国づくりを訴える。

大都市が直面する人口減と高齢化に、中国山地は早くから向き合ってきた。過疎化が底を打つめどは見えないものの、社会が成熟し、価値観が多様化するなか、豊かな暮らしの場として注目度は増している。

過疎という言葉が生まれて半世紀。田舎らしさを生かし、新たな中山間地域の未来図を見いだせるか。いま、まさに分岐点に立っている。

中国山地　過疎50年

発行――二〇一六年一二月二六日　初版第一刷発行
定価――本体二二〇〇円＋税
編者――中国新聞取材班
発行者――西谷能英
発行所――株式会社　未來社
〒一一二―〇〇〇二 東京都文京区小石川三―七―二
電話〇三―三八一四―五五二一（代）
振替〇〇一七〇―三―八七三八五
http://www.miraisha.co.jp/
Email: info@miraisha.co.jp
印刷・製本――萩原印刷

ISBN978-4-624-41103-9 C0036

中国山地　明日へのシナリオ

中國新聞社 編

全国に先立って過疎が進行し、いまもって少子・高齢化が先行する中国山地の実態を、そこに生きる人びとの取り組みを通して追う。十八年のサイクルでこの土地を見守ってきた中国山地取材班による渾身の連載をまとめる。

二八〇〇円

新中国山地

中國新聞社 編

『中国山地』から18年。復興と荒廃のはざまにおかれた山地の人びとの暮らしの歩みを克明に追跡調査する。過疎化と高齢化・少子化の進む地域の現状のフォローと将来への見通し。

三八〇〇円

宮本常一著作集別集
私の日本地図4　瀬戸内海I　広島湾付近

宮本常一 著／香月洋一郎 編・解説

内海の島・沿岸地の町・村に生きる人びとが、それぞれの棲み処づくりに注いできた努力と、時代時代の「今」に向きあった暮らしの変遷をものがたる写真二六九枚。

二四〇〇円

百姓と仕事の民俗
広島県央の聴き取りと写真を手がかりにして

田原開起 著

広島県央の古老たちに長い時間をかけて「聴き取り」をし、消えゆくその言葉と「農作業」の具体例を、たくさんの写真とともに記録した貴重な資料集。自然と闘いながら、同時に身を委ね、日々を重ねてきた「百姓」たちの姿が浮かび上がる。

三八〇〇円

〔消費税別〕